Eloquência da sardinha

CB004549

Bill François

Eloquência da sardinha

Histórias incríveis do mundo submarino

tradução
Julia da Rosa Simões

todavia

*A minha mãe, que me transmitiu a alegria
de construir mundos com as palavras*

*A Mickey Taylor, que pintou a meus
olhos a poesia dos rios selvagens*

*Aos peixes do Mediterrâneo, a todos os outros
peixes, e a todos que adoram conhecê-los*

A você, que transmitirá estas histórias

Preâmbulo

Como o rochedo era muito alto, precisei tirar as sandálias de praia para não escorregar ao escalá-lo. Foi melhor assim: as fivelas enferrujadas e as tiras de plástico translúcido, que lembravam uma água-viva, machucavam meus pés mais que o animal de mesmo nome. E a cada passo dentro da água, elas me faziam perder velocidade. Eu preferia as bordas escarpadas da pedra a passar o resto das férias com os tornozelos cheios de bandeides ilustrados com personagens da Disney.

Eu precisava chegar ao topo daquele rochedo. O promontório marcava o fim da praia de areia, onde os adultos dormiam lendo seus livros. Do lado de cá, eu tinha o insuportável "caderno de atividades de férias" à minha espera; do lado de lá, a costa selvagem que se abria. Do topo, era possível ver toda a pequena enseada, cheia de piscinas naturais e pequenos canais entre as pedras. O mar entrava e saía a cada onda, como uma lenta respiração; quando inspirava, a água ficava lisa e mostrava por transparência tudo o que ele escondia. Aquele era o melhor momento para observar os seres que viviam na água. Eu adorava procurar por criaturas, esperar que o mar inspirasse para localizá-las, tentar capturá-las com um puçá. Todas me intrigavam: caranguejos-verdes com perucas de algas, camarões translúcidos, caramujos fazedores de bolhas e até anêmonas vermelhas, que eu não ousava tocar porque os adultos diziam que picavam. Os únicos animais que eu não queria encontrar de jeito nenhum eram os peixes, que viviam longe das pedras, na água onde não dava pé. Eles me davam medo. Meus pais às vezes traziam alguns do mercado, mas seus grandes olhos esbugalhados me assustavam, e as duas aberturas que tinham atrás da cabeça faziam com que parecessem decapitados. Por medo dos peixes, eu nunca me aventurava para além do mundo das piscinas naturais e dos rochedos. As águas abertas e azuis que víamos ao longe despertavam em mim um medo profundo.

Foi do alto do grande rochedo, num momento de inspiração do mar, que vi um reflexo na linha das ondas. Um brilho que magnetizou meu olhar: talvez um pequeno tesouro, uma lasca de concha nacarada ou algum objeto perdido. Eu precisava descobrir o que era. Cambaleando sobre as pedras cortantes, aproximei-me daquele clarão. E foi então que avistei uma sardinha.

Eu ainda não sabia que se tratava de uma sardinha, nem como era raro encontrar uma tão perto da costa. As sardinhas costumam viver em alto-mar. Aquela provavelmente se perdera, quem sabe perseguida até ali por algum atum, o que também era raro, pois na época não haviam sobrado muitos no Mediterrâneo. Você já viu uma sardinha viva? Poucos sabem a que ponto uma sardinha viva pode ser bonita. Ela era toda brilhante e prateada, tinha uma linha azul-celeste no dorso preto, como uma grinalda. Um largo risco dourado cintilava nas laterais. A sardinha era resplandecente e frágil ao mesmo tempo, como os colecionáveis de folha de flandres que tanto me atraíam nas lojas de brinquedos e que eu só podia tocar "com os olhos". Pela maneira como nadava de lado, castigada pelas ondas, adivinhei que não estava no auge de sua forma. Ela não se incomodou com a minha presença, embora até os menores camarões fugissem ao sentir as vibrações de meus passos na água.

Delicadamente, capturei-a com meu puçá, depois contemplei, incrédulo, o espantoso presente do mar que nadava em meu baldinho de plástico. A sardinha me encarou com seu olho branco e preto, parecia querer me dizer alguma coisa. Tive a impressão de que, em seu silêncio, ela queria me revelar algum segredo de sua vida no mundo azul onde não dava pé, de seu estranho cotidiano de sardinha. A vida que levava e a maneira como percebia seu universo me intrigaram. Eu me perguntei em que paisagens e com que criaturas ela nadava, e se às vezes falava com as outras sardinhas. De repente, as águas profundas cessaram de me dar medo; seus segredos mudos passaram a me atrair.

Eu não estava nem perto de imaginar que, depois daquele encontro com uma sardinha, a paixão pelos mistérios marinhos nunca mais me abandonaria. Que ela me levaria para cada vez mais longe no mar, à descoberta de um universo submerso com habitantes encantadores e nada silenciosos, que me contariam suas histórias.

Como eles se comunicam? Com que sentidos percebem o mundo? Sua vida e suas emoções são semelhantes às nossas? Guiado pela vontade de decifrar esses enigmas, tornei-me cientista. A hidrodinâmica e a biomecânica, minhas áreas de pesquisa, me ofereceram novas luzes sobre o mundo marinho, com respostas maravilhosas e um número ainda maior de perguntas novas.

Desde então, venho nadando, navegando e até mergulhando, durante o dia ou à noite, para observar essas criaturas fascinantes. Na época em que não ousava me aventurar, com minhas sandálias de plástico, nos lugares onde não dava pé, por medo dos peixes, eu não suspeitava que no futuro passaria meus dias a estudá-los, e meu tempo livre viajando em busca deles. Eu nunca teria acreditado que um dia ouviria o canto das baleias, visitaria os cachalotes do Mediterrâneo, contaria albatrozes ou brincaria com raias-jamantas... nem que veria, a dois passos de minha casa, em plena cidade, peixes ainda mais extraordinários.

Levado pelas águas, também conheci seres humanos que atrelaram seu destino ao do mar: cientistas que estudam seus segredos, pescadores que vivem em harmonia com ele, voluntários que se dedicam a preservá-lo... Participei de seus projetos para entender melhor o mundo submarino, protegê-lo ou simplesmente encontrar meu lugar nesse ecossistema e compreender como dialogar harmoniosamente com o oceano. Eles me ensinaram a ler os sinais dos golfinhos, a pescar o atum e a me aproximar das focas... Descobri muitas histórias, escritas e contadas pelos homens, evidenciadas pela ciência ou pela magia das lendas, apimentadas pela inovação das descobertas ou pela poesia do disse me disse.

O que aprendi com todas essas histórias?

Que, além de compartilhar conosco sua beleza encantadora, o mundo submarino nos concede outros saberes, em especial sobre nós mesmos.

Quanto a mim, os habitantes dos mares me ensinaram, acima de tudo, a falar. Seus modos de comunicação, cada um à sua maneira, e de criação de relatos, apesar do aparente silêncio do mar, me revelaram a arte da palavra. Esses seres tão espantosamente eloquentes me confiaram suas histórias e me incitaram, e inspiraram, a contá-las por minha vez. É graças a eles que posso, neste livro, compartilhar com você as coisas que aprendi.

Este livro o fará mergulhar nas profundezas do Oceano e da História, do mundo da Ciência e do mundo das lendas. Vou apresentá-lo à sociedade secreta dos cardumes de anchovas, e participaremos juntos das conversas das baleias. No caminho, conheceremos personagens fora do comum, como a enguia chamada Åle, que viveu 150 anos dentro de um poço, ou a rêmora que fez amizade com aborígenes australianos. Faremos uma pausa para ouvir o canto das vieiras e a antiga saga de caramujos bastante insólitos. Decifraremos as últimas descobertas da ciência sobre a imunidade dos corais e as mudanças de gênero das judias, um peixe de cores vivas e brilhantes... e nos deixaremos levar em sonho pelas antigas lendas marinhas, que costumam ser mais verossímeis que a incrível realidade.

Espero que você saia da leitura do mesmo jeito que eu saí da água depois do primeiro mergulho: com a cabeça cheia de histórias e uma vontade imensa de compartilhá-las com alguém... e espero que suas férias na praia, ou suas visitas ao aquário, nunca mais sejam as mesmas, e que você olhe com outros olhos para seu peixinho-dourado, seu prato de frutos do mar ou seu sanduíche de atum.

A sardinha se agitava no baldinho, batia nas suas paredes ornamentadas com estrelas-do-mar azuis e rosa. Ela parecia manifestar seu desejo de voltar ao mar. Levei-a ao local onde a pequena enseada se abria para o mar e a água era mais calma e profunda. Brincando de equilibrista sobre as pedras, para não virar o balde, cheguei a uma pequena faixa de areia e verti seu conteúdo na água, ao abrigo das ondas.

Afastando-se, hesitante, rumo ao alto-mar, a sardinha me fez sinal para segui-la. Pediu-me que a acompanhasse, e começou a contar sua história.

Como ela a contou? Guardarei esse segredo. Todo o restante deste livro é absolutamente verídico: nos resultados de estudos científicos rigorosamente validados, nas citações de obras antigas ou nas anedotas e observações pessoais, que podem ser confirmadas por muitas testemunhas, todas as minhas fontes são confiáveis e verificáveis. Mas em relação à maneira como a sardinha começou a me contar sua história, pedirei que você acredite em mim.

Foi há muito tempo, já não lembro direito. E, afinal, quantas histórias nem teriam nascido sem um início um pouco estranho? Apenas siga a sardinha comigo, como a segui quando criança. Ouça comigo suas histórias, que mudaram minha maneira de ver os mares e de compreender o nosso mundo.

Naquele dia, ao voltar da praia, passei a tarde vasculhando as malas da garagem em busca de uma máscara de mergulho e de um snorkel. Eu tinha um pouco de medo de me afogar com o snorkel, ou de que a máscara grande demais se enchesse de água. Não sabia que, ao colar o visor no rosto, chegaria ao limiar de um novo mundo, e que nunca mais voltaria totalmente à terra firme.

Bem sabem os peixes

Onde mergulhamos para compreender o que os peixes sentem embaixo d'água.
Onde nos perguntamos se nossos ancestrais não aprenderam a falar mergulhando.
Onde observamos que, embaixo d'água, as cores e os cheiros são uma linguagem.
Onde descobrimos que o oceano mudo tem legendas que podem ser lidas em mundos invisíveis.

O mais difícil é entrar na água até a altura dos ombros. Quando ela bate só nas canelas, ou na cintura, ainda nos sentimos em terra firme; podemos nos agarrar ao calor do sol. Acima dos ombros, porém, sempre sentimos um arrepio. Entramos num frio hostil, que nos envolve. E mergulhamos.

Na primeira vez em que mergulhei no mar, o arrepio da água fria me arrancou um grito estranho. Como estava com o rosto coberto por uma máscara, um bramido rouco saiu de minha boca, obstruído pelo snorkel. Uma espécie de grunhido pré-histórico traduziu à sua maneira o "que água fria!" de meu espanto diante daquele fato ao mesmo tempo simples e surpreendente. Um tubo de plástico na boca, um visor de acrílico nos olhos e, de repente, o mundo borrado, escondido sob os reflexos da superfície, se revelava nítido e novo. O elemento inóspito, uma vez atravessada sua fronteira, se tornava transparente e me levava com suavidade. Eu voava, enxergava, respirava. Mas era impossível falar. O snorkel transformava minha voz em sons respiratórios brutos e primordiais. Eu lançava palavras pelo tubo, saíam apenas gritos de animais. Era uma espécie de acordo tácito entre os elementos: eu ganhara o poder de ver o que o mar escondia, de encher meus ouvidos de sons, de planar embalado por sua leveza... mas perdera a capacidade de me expressar através de palavras.

Foi uma sensação estranha, um avanço na direção da conquista de um novo universo e, por outro lado, um retorno a um estado primitivo, de épocas distantes, em que o homem ainda não conhecia o uso da palavra.

A água é um meio ao mesmo tempo hostil e acolhedor aos seres humanos. Temos medo de nos atirar nela, mas estamos perfeitamente preparados para isso. Nosso organismo é espantosamente bem adaptado para o mergulho. Basta receber um pouco de água fresca no rosto para que um reflexo de imersão, de maneira imediata e automática, faça baixar nosso ritmo cardíaco em 20%, a fim de nos preparar para um mergulho em apneia.

O corpo humano tem aptidões para a vida aquática, talvez até demais para que sejam apenas o fruto de um feliz acaso. Daí a hipótese de alguns antropólogos: foi por entrar na água que nossos ancestrais evoluíram de maneira diferente dos símios, e se tornaram homens.

Do contrário, como explicar nossa ausência de pelos, nossa camada de gordura subcutânea, única entre os primatas, ou os milhões de enormes glândulas sebáceas que lubrificam nossa pele, e que nenhum animal terrestre possui em igual proporção? Todas essas misteriosas características de nosso corpo, que parecem inúteis e nos diferenciam do macaco, seriam adaptações ao meio aquático. Como entre os mamíferos marinhos, nossa pele é lisa; ela é lubrificada pelo sebo, portanto impermeável, e nossos pneus de gordura nos isolam do frio. Outro fato estranho: um bebê humano nasce com o reflexo de reter a respiração embaixo da água e pode boiar de costas, ao passo que um jovem chimpanzé afunda e se afoga. Há 2 milhões de anos, quando nosso gênero se separou do gênero dos futuros chimpanzés, nossos ancestrais teriam precisado, para sobreviver na aridez da savana, se alimentar em praias ou em pântanos. Eles teriam então se erguido sobre duas pernas para conseguir entrar mais fundo na água por mais tempo. Ao mergulhar, em busca de raízes, talos de nenúfar ou conchas, eles teriam aprendido a controlar a respiração, até que a evolução provocou a descida da laringe e a formação das cordas vocais. Seria mergulhando, portanto, que teríamos adquirido as bases de duas capacidades determinantes de nossa evolução: o bipedalismo e a palavra.

Até que ponto devemos acreditar nessa hipótese? Popularizada nos anos 1960, também suscitou dúvidas e controvérsias. O fato de, segundo ela, nossa evolução ter passado por um "elo perdido" com modo de vida exclusivamente marinho parece um exagero infundado. No entanto, estudos recentes de fósseis africanos sugerem que os ambientes aquáticos tiveram um papel importante na evolução dos seres humanos, entre 2,5 milhões e 1,5 milhão de anos atrás, na África Austral. Para sobreviver à estação seca, era indispensável adaptar-se à água, para conseguir alimentar-se nos oásis. Essa adaptação teria contribuído para levar os primeiros homens a deixar o topo das árvores da floresta, se aventurar nas planícies e conquistar o resto do mundo.

Descemos das árvores, mas nunca de fato conquistamos o mar. Na água — bem sabem os peixes —, não vemos tudo. Pois não basta enxergar.

* * *

Em meus primeiríssimos mergulhos, nos fundos rochosos do Mediterrâneo, descobri com maravilhamento a diversidade da vida submarina: como se estivesse diante de um espetáculo, fiquei fascinado com as judias e os sargos que planavam acima dos musgos e das pedras. Como num palco, havia imagens cheias de luz e movimento, e sons que rumorejavam e crepitavam, misteriosos, em meus ouvidos. Pensei presenciar o espetáculo na íntegra. Na verdade, via apenas uma parte dele. Assistia a um filme mudo, sem acesso às legendas. Eu ignorava que por trás das imagens escondiam-se inúmeros diálogos.

As legendas do mar estão escritas, por exemplo, na língua dos perfumes. Sob os oceanos, os cheiros são uma linguagem. A água é repleta de aromas que não conseguimos perceber. Quando mergulhamos, costumamos tapar o nariz — menos quando a máscara faz isso por nós, o que a torna muito mais confortável do que os óculos de natação. E por uma boa razão: é de fato muito desagradável levar um caldo, e mais ainda pelo nariz. Nossas narinas não podem sentir os cheiros do mar.

No entanto, as águas carregam inúmeros tipos de moléculas odorantes. Os peixes podem senti-las, e habitam uma galáxia de perfumes. Eles conseguem distinguir nuances sutis na água, odores distantes e ínfimos. Há cheiros que se misturam a recordações: lugares, livros antigos, estações do ano e pessoas, que despertam emoções indeléveis com suas reminiscências perfumadas. A memória dos peixes está cheia dessas lembranças olfativas.

O salmão do Atlântico que vive nas águas da Groenlândia é capaz de sentir o cheiro do riacho bretão onde nasceu, seguir seus eflúvios a nado e chegar à sua foz. Trata-se de uma lembrança de vários anos, portanto, da época em que ele era alevino e subia à superfície inflando sua bexiga natatória para se impregnar dos perfumes da noite, no verão. A concentração dessas moléculas odorantes é minúscula no oceano; algumas gotas vêm desse riacho, diluídas em imensas quantidades de um número incontável de gotas de outros riachos. Mas o salmão as reconhece e sempre as encontra.

Os cheiros despertam tantas emoções que os peixes os utilizam para conversar. Onde o olho não vê mais que um peixe nadando, a água de seus arredores é preenchida por espirais invisíveis de perfumes de emoções: os feromônios, que manifestam seus estados de espírito. Cheiros de estresse, de amor, de fome... que visam um destinatário, mas às vezes são interceptados por narinas inesperadas: o cheiro do medo de um peixinho alerta seus congêneres do perigo, mas também desperta o apetite dos predadores. As donzelas, peixinhos coloridos das lagunas de corais, utilizam essa falha de comunicação em benefício próprio. Quando uma delas é ferida e capturada por um predador, ela solta ainda mais moléculas de alarme, para atrair... ainda mais predadores! Estes começam a disputar a presa, que aproveita a confusão para fugir.

* * *

Explorar os fundos marinhos com uma máscara e um snorkel é como estar pendurado no céu. Descobrimos um universo em nosso sobrevoo. À medida que nos afastamos da costa, as águas se tornam cada vez mais profundas. Com a profundidade, as cores do fundo, mais distantes, progressivamente se tingem de azul, até se misturar e se confundir num mesmo tom de tinta desbotada. Esse azul também dilui uma das legendas invisíveis do espetáculo submarino: suas cores invisíveis.

A água faz as cores desaparecerem. A luz chega do sol com os comprimentos de onda de todas as cores. Mas quanto maior a quantidade de água que ela atravessa, mais as moléculas que encontra pelo caminho absorvem essas cores. As moléculas de água são ávidas por cores; elas absorvem primeiro as mais "quentes", com maior comprimento de onda: vermelho, laranja, amarelo... A cinco metros de profundidade, todo o vermelho desaparece: os objetos vermelhos se fundem ao azul, não discernimos mais seu tom. Quando a luz desce ainda mais, ela perde progressivamente o amarelo, a quinze metros, depois o verde, a cerca de trinta metros. Logo somente o azul permanece visível. A partir de sessenta metros, o mar se torna um azul monocromático a nossos olhos. Depois, até o azul desaparece, resta a escuridão abissal: a quatrocentos metros de profundidade, não há mais nenhuma luz proveniente do sol. Somente as criaturas luminescentes brilham nesse breu. Quando o raio luminoso mergulha, ele carrega consigo outras radiações, invisíveis: os raios ultravioleta, cores "mais azuis que o azul", de pequeníssimo comprimento de onda, que nossos olhos não conseguem distinguir porque o cristalino os bloqueia. Os peixes, por sua vez, são sensíveis a essas cores, que iluminam seu mundo em lugares onde só veríamos azul. Algumas paisagens e animais marinhos nos parecem sem cor; se os observássemos com a ajuda de um aparelho sensível aos raios ultravioleta, ficaríamos deslumbrados com seus padrões extravagantes, suas manchas e listras coloridas e variadas.

Nos oceanos, a cor é uma linguagem. Muitas espécies podem mudar de cor à vontade, para se comunicar, de maneira ainda mais eficaz que os camaleões. Analisando a pele de um peixe com uma lupa, vemos pontinhos minúsculos, de cores variadas. São os cromatóforos, células pigmentadas que ele é capaz de dilatar ou contrair quando quiser. Escolhendo os cromatóforos a serem dilatados, o peixe é capaz de escolher sua cor, como se selecionasse seus próprios pixels, e pode inclusive mudar os padrões de sua pele: sinais que ele utiliza para se expressar e dialogar. Essa comunicação é tão sutil que ainda permanece envolta em mistério. Pois a cor transmite informação, mas também mentira. Há cores verdadeiras, como as dos olhos dos salmões, por meio das quais eles expressam seu temperamento, mas também há os ocelos dos bodiões, que mentem imitando olhos de predador. Há os sinais polarizados das lacraias-do-mar, que somente elas conseguem decifrar, codificados em suas carapaças do mesmo modo que os filmes em 3D são codificados para serem vistos por óculos 3D com filtros de polarização.

Há as listras do marlim, cuja cor ultravioleta tem o calibre exato do comprimento de onda que mais ofusca as cavalas; o marlim as utiliza para demonstrar seu humor a seus congêneres, mas também para paralisar de medo os cardumes de cavalas, enviando sinais ofuscantes que elas não conseguem entender. Em pânico, as cavalas se reúnem em bolas compactas, que o marlim rompe facilmente com seu agulhão.

Marlim e cavalas

Nas entrelinhas das cores e dos cheiros, outras legendas do mar estão escritas numa linguagem que desafia nossa imaginação.

Eu não saberia dizer a que se assemelha a experiência dos vórtices, dos sinais de correntes marítimas e das vibrações que os peixes sentem com suas linhas laterais e que deixam rastros como as linhas brancas de um avião no céu. A linha lateral dos peixes está coberta de células ciliadas, cujos pequenos cílios se dobram sob o efeito das correntes e transmitem essa informação ao sistema nervoso; o peixe pode então cartografar a passagem da água ao seu redor. Ao decifrar esses turbilhões e correntes, o peixe consegue se localizar na mais completa escuridão: ele visualiza a imagem de seu ambiente na forma de correntes e movimentos da água, uma imagem que se superpõe às outras imagens, feitas de cores, sons e cheiros. Uma leitura do mundo que só podemos imaginar em sonho.

Eu também não saberia descrever o mundo dos campos elétricos, essa entidade impalpável que alguns peixes como a raia-elétrica sentem e utilizam para enviar sinais uns aos outros. Seria como um segundo oceano, em outra dimensão, em que cada ser vivo teria sua marca, seu nado e sua voz. Quando a noite chega ao fundo dos recifes, os tubarões enxergam esse segundo universo, caçam e se localizam graças a ele. Como veem seu brilho? Esse mistério continuará sendo seu plácido segredo.

Há vários outros universos paralelos hipotéticos. Acredita-se, por exemplo, que alguns peixes podem perceber campos magnéticos. Os peixes migratórios utilizariam essa capacidade, verdadeira bússola interna, para se orientar. Ela seria outra camada a ser acrescentada às legendas do imenso espetáculo invisível do mar. Uma maneira de se localizar no espaço, uma leitura do mundo deformada pelos sinais da própria Terra, como por um imenso ímã.

Não precisamos invejar os variados tipos de conversa que os seres submarinos compartilham em surdina. Nós também temos várias maneiras de nos comunicar. Por meio da voz, da escrita, dos gestos, das imagens, dos símbolos, da música... Outros tantos mundos ocultos e paralelos que também se apresentam a nossos sentidos. Chegamos a nos queixar do excesso de meios de comunicação, quando alguém que contatamos por

SMS nos responde por e-mail e começa uma troca de mensagens em várias redes sociais ao mesmo tempo e depois nos ignora quando telefonamos...

Os habitantes do oceano lançam suas conversas em mil redes invisíveis ao mesmo tempo. Suas histórias são levadas pelas ondas e por canais variados: cores imperceptíveis, campos eletromagnéticos, vibrações da água, feromônios. Mas eles também dialogam "à moda antiga", como num velho telefone. Como antes do telefone, inclusive. Falando.

Então, ouçamos.

O mundo sem silêncio

Onde vulcões distantes e baleias invisíveis cantam no glub glub de nossos ouvidos cheios de água.
Onde o xilofone do cavalo-marinho faz muito mais do que pontos no Scrabble.
Onde a lagosta toca violino, mas desafina.
Onde nos deixamos embalar pelo canto das vieiras.

Quando você mergulhou a cabeça no mar pela primeira vez, ouviu um som estranho. Uma espécie de confusão sonora, um burburinho misturado a um tilintar, como se ouvisse embaçado. Ao tirar a cabeça para fora, com água nos ouvidos, concluiu que não ouvira nada, que nossas orelhas não são adaptadas para ouvir embaixo d'água, que aquela cacofonia não passava de uma ilusão.

Na verdade, nossos ouvidos funcionam perfeitamente bem embaixo d'água. Você tinha acabado de ouvir a voz do mar e sua primeiríssima história.

Uma história que é uma mistura de todas as suas histórias.

O mar está cheio de sons, mais ainda do que o ar em que vivemos. O som é uma vibração da matéria. A água, mais densa que o ar, vibra melhor, portanto o transporta melhor. Na água, o som viaja mais longe que a luz, e percorre quilômetros sem se atenuar. Na voz do mar se misturam sons vindos de longe, cujos autores não podemos ver. Barulhos que não imaginaríamos ouvir na areia da praia e que nos conectam às suas origens distantes.

O gorgolejo que persegue nossos ouvidos cheios de água é um caldo de sons. Vozes múltiplas e misturadas, como os legumes de uma sopa. Distinguimos suas notas da mesma forma que os aromas de um perfume: em buquês que surgem e evaporam. Tal como os diferentes instrumentos de uma orquestra, cada voz do mar tem seu timbre, seu comprimento de onda, e canta sua história na própria tonalidade.

A mistura dessas tonalidades forma o ruído perturbador que parece inundar nossos ouvidos sem no entanto penetrá-los, e que os oceanógrafos acústicos chamam de ruído ambiental marinho.

Vamos ouvi-lo.

Primeiro, ouvimos os baixos. Na água, o ruído de fundo é grave. Ele retumba e troa numa espécie de ronco. Esse ruído, o mais intenso dentro da água, é um eco dos elementos: as ondas que quebram na costa, o vento que varre a superfície, e também a Terra e seus caprichos. Esse ronco contém os estalidos dos icebergs do polo, os rangidos dos sismos das dorsais oceânicas, o sopro de tempestades longínquas.

O rumor desses cataclismos chega de longe, grave e cansado da viagem, e colore o fundo sonoro da orquestra marinha.

Também ouvimos como que um rumor de maracas, crepitante: é o som da chuva, das bolhas de espuma na superfície da água, encontro entre os elementos gasoso e líquido.

Distinguimos longos vibratos de violinos, que se propagam por dezenas de quilômetros: rangidos de motores, ruídos de metal, assobios de hélices. As estradas marinhas, tão barulhentas quanto nossas autoestradas, se fazem ouvir de muito mais longe. A passagem de um porta-contêineres faz tanto barulho embaixo d'água quanto a decolagem de um avião, e o tráfego marítimo gera um fundo sonoro tão intenso quanto uma rua movimentada.

Vocalizações melodiosas tentam cobrir a algazarra, em vão. Ouvimos como que assobios de flautas e trompetes: é o eco da voz das baleias.

A música das baleias é cheia de sentido; a ciência recém começa a decifrá-la. Elas cantam canções de amor, canções de ninar para tranquilizar os filhotes, árias de fartura para festejar um banquete de arenque... algumas melodias seriam cantadas pelo simples prazer de fazer música.

Embora seja bastante raro conseguir perceber com clareza o canto das baleias, suas vozes representam boa parte do ruído ambiental marítimo, em todos os oceanos. Pois as baleias falam entre si pelos mares e sabem se fazer ouvir de muito longe. Elas desenvolveram o próprio telefone submarino, para conversar à distância.

A linha telefônica das baleias funciona com pressão e temperatura. O mar tem duas camadas de água: as águas superficiais, aquecidas pelo sol, e as águas profundas, frias. Na interface entre as duas zonas, chamada termoclina, a temperatura cai bruscamente, como você já pode ter sentido com o pé ao passar por uma dessas "correntes frias" do fundo durante um banho de mar. Em alto-mar, o fenômeno se amplifica: a água perde de repente vinte graus de temperatura em poucas dezenas de metros.

O som fica preso nessa fronteira entre a água quente e a água fria. Ao subir em direção à superfície, ele ricocheteia nas águas quentes, cuja temperatura elevada acelera sua propagação e curva sua trajetória para baixo; ao descer, ele quica nas águas profundas, onde a pressão é mais alta, o que também acelera e curva sua trajetória para cima. O som é portanto aprisionado pelas massas de água na altura da termoclina. Quando as baleias cantam nesse canal sonoro, no limite entre águas quentes e frias, sua voz repercute na termoclina e se propaga em linha reta, sem desviar e sem se atenuar, por milhares de quilômetros, exatamente da mesma maneira que a luz presa dentro de uma fibra óptica.

As baleias-comuns do Mediterrâneo utilizam esse telefone, chamado canal sonoro profundo, para fazer serenatas e marcar encontros, a mais de 2 mil quilômetros de distância umas das outras.

É preciso ter sorte e estar no lugar certo para conseguir ouvir as melodias do canto das baleias, mas esses sons se misturam ao ruído ambiental marinho e todo mundo pode ouvi-los em todos os oceanos mergulhando a cabeça na água. Perscrutar o ruído do oceano e analisar suas notas é inclusive um dos métodos que os cetólogos utilizam para calcular as populações de baleias mais raras, ouvindo animais que nem sempre é possível observar diretamente. Cada espécie tem sua voz e seu comprimento de onda, como a frequência de uma emissora de rádio dedicada a suas conversas.

Em 1989, no Pacífico, hidrofones captaram pela primeira vez o chamado da baleia mais solitária do mundo. Uma baleia emitia cantos característicos das baleias-comuns, mas numa frequência de 52 hertz, equivalente à nota mais grave de uma tuba. Um som agudo demais para suas congêneres, que se comunicam em frequências sonoras entre dez e 35 hertz. Aquela baleia canta, fala e chama suas congêneres há décadas, sem resposta. Ela vagueia solitária pelas imensidões pelágicas, e os hidrofones oceanográficos são os únicos a captar, todos os anos, seus chamados. Ninguém sabe por que ela tem essa voz estranha. Alguns acreditam que ela seja um híbrido de baleia-azul e baleia-comum; outros, que tem uma malformação; outros, ainda, que nasceu surda e nunca pôde retificar o som de sua voz. Ninguém sabe, tampouco, se na imensidão dos mares ela um dia cruzou com outras baleias, nem o que sentiu quando isso aconteceu, vendo-as, mas sem poder se comunicar. Ninguém jamais a viu, embora todos os anos possamos, ouvindo-a, seguir sua migração solitária. Para o homem, a baleia solitária só existe através de seu canto, o mesmo canto que a isolou das demais; o canto que ela emite sem descanso, com esperança, no vazio do Pacífico.

Baleia-bicuda

No Atlântico, uma espécie de baleias produz sons não identificados, embora nenhum exemplar jamais tenha sido avistado. O estudo da estrutura dos sons indica que esses cetáceos fazem parte da família das baleias-bicudas, animais extremamente tímidos. Na superfície, eles não sopram nenhum jato de vapor e logo mergulham quando algum barco se aproxima. Trata-se de uma família muito estranha de cetáceos; as raras espécies de baleias-bicudas que tiveram fugazes indivíduos avistados têm longo corpo marrom sarapintado e presas parecidas com as de um javali. Elas caçam lulas em profundidades de até 2900 metros, um recorde para mamíferos marinhos. Mas foi a voz desses animais discretos que mais nos revelou sobre seu comportamento e permitiu que o homem os conhecesse melhor... e inclusive descobrisse uma nova espécie, que até hoje nunca foi vista! O oceano está cheio de histórias ocultas como essa, de seres assustadiços à espera de ter suas histórias contadas. Ele está cheio de criaturas tímidas, que guardam em sons solitários as maravilhas que não ousam compartilhar.

* * *

No ruído ambiental marinho, acima dessas tonalidades graves, elevam-se alguns cantos. Assim que nos aproximamos das costas e dos recifes, ouvimos um verdadeiro coral, em que se misturam timbres, ritmos e tessituras variados. O coro dos peixes.

Mais loquazes que os pássaros de uma floresta, os peixes enchem os mares com seus chilreios, cada um à sua maneira.

Para emitir sons, alguns se valem de sua bexiga natatória, a vesícula gasosa situada no abdômen que lhes permite flutuar. Eles a utilizam como um tambor, como as crianças que brincam de tamborilar na barriga depois da refeição... músicas inconfessáveis que todos já tocamos. É batendo na própria barriga com a ajuda de um músculo ventral especial que a pescada grasna, que a garoupa ruge, que a cabrinha rosna. Seus sons lembram buzinas de alerta de nevoeiro, solos de bateria ou campainhas de programas de auditório. Alguns peixes se fazem ouvir da costa, outros murmuram discretamente. O bacalhau é mais tagarela que o hadoque e o badejo; a pescada tem um canto mais grave que a perca.

O xaréu e a perca-sol preferem sons mais agudos e rangem os dentes para cantar melodias guinchantes. O cavalo-marinho toca xilofone coçando o crânio com as cristas ósseas atrás da cabeça, enquanto o bagre estrila fazendo seus ferrões vibrarem. Quanto ao humilde góbio, hóspede das poças deixadas pela maré, ninguém conseguiu elucidar por meio de que mecanismo hidrodinâmico ele consegue cantar suas canções de amor apenas soprando água pelos ouvidos.

Quando o dia nasce sobre os recifes de corais mais populosos, o coro dos peixes atinge o nível sonoro de um bar na hora do happy hour. É pouco, comparado à corvina do golfo do México, que se reúne em cardumes para abrir caminho e supera os duzentos decibéis, ensurdecendo temporariamente os cetáceos dos arredores.

Quando prestamos atenção ao barulho do mar ao longo de nossas costas, percebemos pairar acima de tudo um tilintar crepitante, como um naipe de percussão, e numerosos e variados estouros sonoros.

Eles vêm dos solistas do mar.

Esse tilintar é produzido por conchas se fechando, ouriços-do-mar pastando nas rochas e fazendo suas carapaças vibrarem, lacraias-do-mar batendo suas pinças...

As lacraias-do-mar podem bater suas pinças tão forte e tão rápido que o estouro resultante faz a água borbulhar por cavitação e gera um som semelhante a um tiro de espingarda, o mais forte de todos os sons submarinos.

As lagostas, por sua vez, se consideram mais musicais; elas tocam violino com as antenas. Pelo mesmo mecanismo de fricção do arco desse instrumento, que desliza e é atritado às cordas para produzir uma vibração, elas esfregam as antenas na base dos olhos. A carapaça amplifica o som produzido como uma caixa de ressonância. As lagostas são os únicos animais conhecidos — ao lado dos humanos musicistas — a produzir sons dessa maneira. Infelizmente, são muito desafinadas, e seus impulsos sonoros mais lembram portas rangendo. Elas utilizam esse ruído insuportável para assustar os predadores.

Às vezes, os tilintares do mar se misturam para formar uma melodia mais ampla. As vieiras são medrosas, principalmente na presença de polvos ou de estrelas-do-mar, que de bom grado as comeriam. Elas esquadrinham os arredores com uma fileira de olhos azuis e pretos — pois elas têm olhos, um raro luxo entre os bivalves. À menor suspeita, a vieira foge, abrindo e fechando rapidamente a concha, o que a propulsiona na água, fazendo-a nadar. Ela também fecha a concha para expulsar a água usada e as partículas de areia que a incomodam, espirrando embaixo d'água. Essas batidas e espirros são parte da paisagem sonora submarina da Bretanha e criam um verdadeiro concerto de castanholas e tosses na baía de Saint-Brieuc. Embora não utilizem esse barulho para conversar entre si, as vieiras têm muito a nos dizer. Ouvir seu canto e conhecer a frequência de seus estalos permite saber se a água está limpa ou poluída, se os predadores são abundantes. Elas indicam aos oceanógrafos o estado do mar, a saúde biológica do ambiente. Através de seu concerto de espirros, as vieiras revelam à ciência alguns dos mistérios de sua estranha vida.

* * *

O fundo sonoro dos mares também contém ruídos imperceptíveis a nossa audição. Por um lado, infrassons graves demais para nossos ouvidos: o som do movimento das massas de água, dos deslocamentos dos peixes, da turbulência das ondas. No outro extremo, ultrassons, murmúrios agudos demais para serem distinguidos: os estalidos do sonar dos golfinhos, mas também o ruído da agitação térmica das moléculas de água. Chegamos ao limite da própria definição de som, pois esse ruído térmico é gerado pelas partículas de matéria que supostamente transportam o som. É um som quase teórico, sem dúvida o mais íntimo e secreto do oceano: o barulho da água. Não o barulho de seus movimentos, de seus habitantes, nem de suas correntes, mas o barulho de suas moléculas, de sua matéria, de sua própria existência. É uma música difícil de imaginar. O que a água nos diz, como é sua voz? A ciência nos informa que ela é um ruído branco, absolutamente desordenado e extremamente forte porque agudo; a imagem que podemos fazer desse som não vai muito além disso.

Os golfinhos são capazes de ouvir esse som primordial, que para eles se soma ao ruído do fundo do mar. Do ponto de vista deles, acima de tudo é um incômodo, que perturba o sinal de seus sonares. Mas talvez eles também consigam decifrar os segredos do oceano nesse canto opaco.

O ruído ambiental marinho é um minério de sons, em que se dissolvem as vozes de mil seres invisíveis, que nos contam suas histórias. A tempestade e a molécula de água, a baleia-azul e o camarão tocam sua própria partitura nesse concerto, lançando suas próprias pitadas de notas à mistura final.

A ciência ou a imaginação dão sentido a essa mistura, interpretam esse sonho confuso e maravilhoso. Que doce vertigem pensar que todas essas vozes falam conosco por meio do gorgolejo de nossos ouvidos cheios de água, que ouvimos o eco de todas essas histórias!

É uma sorte poder ouvi-las, e maravilhoso escutá-las.

Descubramos juntos essas histórias ocultas.

Espremidos como sardinhas

Onde a sardinha se faz espelho do oceano.
Onde os arenques escrevem um romance de capa e peidada.
Onde o bodião-limpador trabalha de graça.
Onde os corais, assim como nós, são muito mais do que parecem.

Antes de enxergar o cardume de sardinhas embaixo d'água, avistamos um simples brilho furtivo tocado por efêmeros raios de sol. Mesmo quando numerosas e muito próximas de nós, as sardinhas sabem se fazer invisíveis. Seu dorso é azul como o mar: ninguém consegue vê-las de cima. Vistas de baixo, seu ventre nacarado desaparece confundido com a luz do céu. De lado, seus flancos refletores são como espelhos. No azul da água, eles devolvem a cor ambiente, e as sardinhas não são mais que um reflexo azul, uma imagem dos arredores, que se funde à paisagem do mar.

É o *stratum argenteum*, a camada de pele que fica sob as escamas transparentes de várias espécies de peixes, que lhes confere essa aparência prateada. Essa pele brilhante é muito mais que um simples espelho, ela reflete a luz melhor do que a neve mais perfeita. Em materiais refletores — metais, espelhos e vidros —, a luz se reflete mais ou menos dependendo de seu ângulo de incidência; não há reflexos fortes em todas as direções. Isso se deve a uma propriedade fundamental e invisível da luz: sua polarização. O raio de luz refletido por um material é polarizado: seu campo elétrico vibra em direções específicas, ligadas às vibrações dos elétrons do material refletor. O raio só pode ser refletido se chegar à superfície do refletor em certos ângulos específicos. É por isso que o objeto refletor apresenta reflexos irregulares, que permitem distingui-lo de seu meio: ele só brilha em alguns pontos. E esses reflexos, feitos de luz polarizada, desaparecem nos filtros dos óculos de sol polarizantes; é graças a esse fenômeno que esses óculos suprimem os reflexos.

Mas isso não acontece com os reflexos da luz na pele da sardinha. Esta é constituída por cristais de guanina de dois formatos diferentes, que polarizam a luz segundo ângulos diferentes. Qualquer que seja a direção da luz, ela é perfeitamente refletida por um dos dois tipos de cristais do *stratum argenteum*. Assim, a sardinha é um espelho perfeito, de reflexos homogêneos sob todos os ângulos. Ela é capaz de se fundir completamente no universo refletido em sua pele. Ninguém consegue distinguir o mar de seu reflexo nas sardinhas.

Por cima dessa pele prateada, e para protegê-la, as sardinhas, como a maioria dos peixes, têm escamas. A escama é a história do peixe. Uma escama cresce em anéis concêntricos, como os anéis dos troncos das árvores, de acordo com o crescimento do peixe. Cada anel indica um episódio de sua vida. Anéis apertados indicam um inverno rigoroso; anéis mais afastados, um crescimento rápido devido a um verão generoso. Alguns anéis são uma lembrança da estação fria, ou, para as espécies migratórias, de uma passagem da fronteira entre o mar e a água doce. Em suas escamas, o peixe carrega o resumo de sua vida. Se uma escama é arrancada, outra começa a crescer a partir do zero; ela seguirá a história em andamento, escrevendo sua continuação sem transcrever o passado.

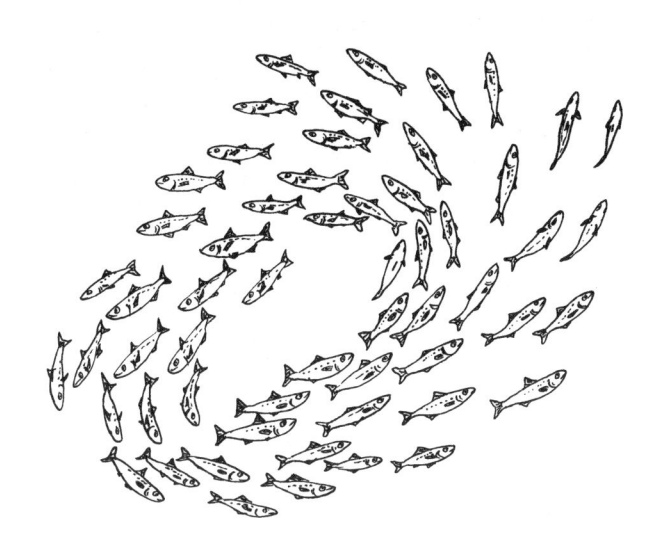

Cardume de sardinhas

Se você já olhou com atenção para uma sardinha, deve ter percebido que ela não é uniformemente prateada. Ela costuma ter uma fileira de pequenas manchas pretas, atrás da cabeça e nas laterais. Essas manchinhas são sinais que permitem às sardinhas de um cardume se reconhecerem mais facilmente, a fim de melhor organizar seu nado. A densidade de sardinhas de um cardume é cerca de quinze indivíduos por metro cúbico. Comparada a seu tamanho, ela corresponde a uma densidade quatro vezes maior do que a de seres humanos num vagão de metrô na hora do rush. No entanto, ao contrário do que ocorre no metrô, uma sardinha nunca nada em direção oposta às demais, nunca bate nas vizinhas e nunca provoca brigas ou engarrafamentos. Elas mantêm entre si uma distância e uma velocidade respeitosas, sem precisar recorrer à fala.

Apenas olhando para as vizinhas mais próximas, à escuta das correntes de água geradas pelo avanço do cardume, a sardinha adapta seu nado. As sardinhas dominam a mais perfeita arte da eloquência: com um simples gesto, dizem tudo; com um simples olhar, compreendem tudo. Sem a necessidade de um maestro ou de leis, com uma simples interação entre vizinhas, o cardume inteiro se auto-organiza. E assim milhões de sardinhas nadam juntas, perfeitamente sincronizadas. Seu movimento cria um balé aquático de formas cambiantes e delicadamente complexas. Uma profusão de peixes, tão numerosos quanto a população de um país, se desloca como um único ser, capaz de tomar decisões em uníssono. Numa família ou num grupo de amigos humanos, a escolha de um destino de viagem ou de um restaurante costuma gerar longas hesitações e debates. Para um cardume de milhões de sardinhas, as decisões acontecem naturalmente, sem a menor discussão. Quando um predador aparece, o cardume demonstra astúcia, divide-se em dois num fluxo ondulante para confundir o atacante. Quando copépodes, as presas planctônicas das sardinhas, passam pelos arredores, o cardume escolhe sua estratégia de maneira otimizada, para alimentar cada um de seus membros. Ele pode decidir se desorganizar a fim de que cada sardinha tire proveito individual da ocasião, ou, ao contrário, avançar em fileiras, para devorar as presas com sistematizada eficácia. Uma inteligência coletiva emerge da soma das pequenas ações conjugadas de cada sardinha. Trata-se de uma fantástica forma de democracia: sem chefe ou grupo dominante, sem necessidade de ordens, todas as sardinhas nadam juntas, mesmo quando seus cardumes têm várias dezenas de quilômetros de comprimento.

* * *

Os arenques, primos próximos das sardinhas, vivem em cardumes como elas, mas não têm os mesmos bons modos. Quando chega a hora do reagrupamento noturno, eles têm uma maneira bem própria de conversar na escuridão, para não se perderem de vista. Uma maneira bastante incivilizada, e que quase desencadeou uma guerra.

Em 1982, um ano depois do naufrágio acidental de um submarino russo perto de Estocolmo, a Marinha sueca temia uma invasão soviética, no contexto de tensão do fim da Guerra Fria. A imprensa a todo momento descrevia os sinais da iminência dessa invasão. Foi então que "orelhas de ouro" da Marinha sueca, oficiais encarregados de analisar os sons captados pelos sonares, detectaram um sinal sonoro desconhecido e inexplicável. Um "ruído característico" que tinha a mesma gama de frequência das hélices dos motores.

O Estado-Maior sueco, acreditando ter frustrado uma emboscada de submarinos russos, abriu uma investigação. Submarinos foram mobilizados na região, mas descobriram ser impossível estabelecer um contato por rádio com a fonte dos supostos ruídos, ou detectá-la por sonar. Convencidos de estar lidando com um inimigo dotado de uma poderosa tecnologia de camuflagem, os suecos enviaram aviões e navios de guerra para esquadrinhar a região por um mês. Todas as unidades relataram a mesma coisa: em cada ponto onde o sinal era detectado, viam-se bolhas de ar subindo à superfície, mas o submarino permanecia invisível. A Suécia chegava às raias de um incidente diplomático com a União Soviética, que obviamente negava a presença de seus submarinos em águas bálticas. Com o passar dos meses, e dos anos, o inquérito sobre esses sons, chamados de "sons característicos", foi reaberto várias vezes. Sempre que eles eram ouvidos, militares e diplomatas tentavam em vão esclarecer os fatos e acalmar os ânimos. Para a Marinha sueca, a insolência e a agilidade com que os submarinos russos os provocavam eram uma verdadeira afronta. Mas apesar de todos os esforços militares, esses ruídos preocupantes continuaram semeando o pânico nos sonares e na diplomacia, e isso se perpetuou até muito depois da queda da União Soviética. Em 1994, o governo sueco, com os nervos à flor da pele, se deu por vencido. O primeiro-ministro, Carl Bildt, escreveu uma carta ao presidente russo, Boris Iéltsin, censurando-o por ser incapaz de controlar os deslocamentos de sua frota de submarinos. Claro que Iéltsin negou tudo.

Somente no ano de 1996 o Exército sueco autorizou civis, a equipe de bioacústicos do professor Magnus Wahlberg, a ouvir os sons misteriosos classificados como *segredo de Estado* e tentar identificá-los. Os cientistas, analisando os "sons característicos", inocentaram os submarinos russos e identificaram o culpado: um cardume de arenques.

Ao se reagruparem para passar a noite, os arenques dão início a um bate-papo bastante original: eles se comunicam por meio de... flatulências! Sua bexiga natatória, órgão que garante o equilíbrio de flutuação, é dotada de uma complicada tubulação, que produz gás e o expulsa por vias naturais. Esse concerto de peidos veicula informações complexas, estruturadas em repetições ritmadas de impulsos sonoros, num intervalo de 32 a 133 milissegundos. Os peixes os utilizam para se comunicar, numa frequência que escapa à audição de seus predadores — mas não à dos marinheiros suecos. Esses peidos também geram uma poética cortina de bolhas em torno do cardume, que mantém os arenques agrupados na escuridão: as bolhas de ar que sobem entre os reflexos dos peixes e a noite formam um espetáculo harmonioso, muito mais pacífico do que a guerra quase desencadeada na Europa Setentrional.

* * *

As comunidades de peixes não se resumem a cardumes uniformes de sardinhas ou arenques. No mar, os peixes também mantêm laços sociais entre espécies diferentes e inventam linguagens variadas para se comunicar.

Quando a noite cai nos recifes de corais, meros e moreias cooperam e caçam juntos, numa fábula digna da Raposa e da Cegonha. O mero é um mestre das acelerações repentinas e dotado de uma visão aguda, mas é pouco ágil; a moreia, sua vizinha, pode desentocar as presas introduzindo-se no buraco onde elas se escondem, mas é lenta e não enxerga direito. Quando tem fome, portanto, o mero visita a moreia e faz um sinal específico com as nadadeiras. Eles então saem juntos em busca dos peixinhos do recife. Assim que o mero avista uma presa escondida, ele a aponta com o nariz para a moreia, postando-se na vertical, e esta entra no coral para desentocá-la. O peixe perseguido não consegue nem fugir pela água nem se esconder nas sinuosidades do coral; ele só pode escolher a qual predador se entregar.

Mas essa associação é limitada pelo apetite dos dois amigos: o primeiro a capturar a presa a devora sozinho; o esforço é compartilhado, mas não a recompensa.

* * *

Se voltarmos para perto das rochas do Mediterrâneo, às vezes encontraremos peixes de espécies variadas na vertical, suspensos e imóveis, batendo as nadadeiras de um jeito estranho. Levei alguns dias para ter paciência de acompanhar a cena até o fim e compreender que esses peixes estão na verdade numa estação de limpeza e aguardam sua vez com o bodião-limpador. Ele é um peixinho preto-violáceo que livra os outros peixes dos parasitas, das peles mortas e de outros restos de refeições, com que se alimenta. Manter-se na vertical na frente da pedra do limpador indica a vontade de ser limpo; erguer as nadadeiras o autoriza a fazer seu trabalho, inclusive em partes vitais e sensíveis como as brânquias. A estação de limpeza é um ponto de encontro dos peixes, uma espécie de salão de beleza. Os que a visitam vêm em paz: os grandes predadores não atacam o limpador ou suas presas nessa área de relaxamento. Diante da rocha do limpador, costuma haver uma longa fila de espera.

Diferentes espécies de peixes-limpadores vivem em várias regiões do planeta, e os bodiões-limpadores dos trópicos chegaram a desenvolver estratégias comerciais. Eles sabem distinguir os clientes frequentes dos que chegam pela primeira vez. Para fidelizar a clientela, quando uma fila se forma eles priorizam os novos e os que eles não limpam há muito tempo. Assim, adquirem mais clientes regulares. Algumas profissões de serviços ganhariam muito se os imitassem.

Mas, como em todas as profissões, também encontramos vigaristas entre os peixes-limpadores. Nos recifes do oeste do oceano Índico, a complexidade da evolução permitiu ao falso-limpador imitar o bodião-limpador. Esse falso-limpador tem a mesma cor azul com faixas pretas do verdadeiro peixe-limpador. Mas ele não limpa, muito pelo contrário: o falsário arranca pedaços de pele e de nadadeiras de seus desafortunados clientes para se alimentar. Nas regiões onde o falso-limpador atua, os peixes são muito mais desconfiados dos limpadores, que, por isso, se tornam comerciantes ainda mais eficientes.

* * *

O ambiente marinho é uma imensa comunidade que não perde em nada para nossas cidades em diversidade e complexidade. No entanto, criaturas muito diferentes vivem nele, juntas, cada uma com seu papel. A sobrevivência de uma espécie é muitas vezes condicionada ao auxílio de várias outras.

O próprio coral, que costuma ser o arquiteto-construtor dessas comunidades, é o que melhor representa essa ajuda mútua. Ele é o fruto de uma estreita parceria entre os mundos animal, vegetal e mineral. Um ramo de coral é composto de um grande número de pequenos animais individuais, os pólipos, que parecem minúsculas anêmonas-do-mar e vivem em comunidade. Seus esqueletos, mineralizados, formam o calcário do coral, que está na origem da areia branca dos trópicos. Esses minúsculos cnidários se alimentam de três maneiras estranhas. Eles podem pegar o plâncton com seus pequenos tentáculos; podem devorar os pólipos de corais vizinhos projetando o estômago sobre eles; e podem utilizar sua técnica preferida, mais pacífica: a jardinagem. O pólipo coralino cultiva dentro do próprio corpo um jardim de zooxantelas, algas microscópicas unicelulares. Em troca de uma casa bem iluminada para favorecer a fotossíntese, de proteção e de resíduos nitrogenados como adubo, as algas fornecem ao pólipo oxigênio e alimento. É essa simbiose entre a planta e o animal que permite o crescimento dos recifes de corais.

Mas as associações simbióticas do coral não param por aí. A biologia marinha segue descobrindo inúmeras cooperações fusionais do coral com seres variados, indispensáveis à sua vida. O coral adquire imunidade a doenças: ele é capaz de se proteger de infecções com que já foi confrontado e de resistir melhor a elas. No entanto, o pólipo não tem anticorpos, não tem um sistema imunológico como os seres humanos. A hipótese hoje em vigor para explicar essa resistência a doenças é a da probiótica dos corais: a memória imunológica do coral viria de uma população de bactérias variadas que o pólipo abriga dentro de si, da mesma forma que nós abrigamos nossa flora intestinal. Essas bactérias vivem em simbiose com o pólipo e se encarregam de defendê-lo dos agentes patógenos externos. Elas podem se "lembrar" deles e assim se adaptar a seus ataques com mais eficácia.

Em abril de 2019, estudos genômicos e microscópicos levaram à descoberta de outra linhagem de habitantes dos pólipos coralinos, jamais observados antes: os coralicoides. O papel desses seres ainda é ignorado, mas já desperta questões importantes. Eles estão presentes na cavidade gástrica dos pólipos de 70% dos gêneros de corais. Fazem parte da família apicomplexa, que reúne parasitas temíveis, como os responsáveis pela malária e pela toxoplasmose. Mas, ao contrário de seus primos parasitas, os coralicoides parecem viver em harmonia com os corais e possuem os genes necessários à produção de clorofila, embora não realizem fotossíntese. Eles estariam a meio caminho da evolução, entre as plantas e os parasitas. Um aspecto desconhecido da vida do coral provavelmente se oculta por trás dessa misteriosa convivência, uma história de amizade ou de associação suplementar. Uma amizade microscópica, escondida no coração do funcionamento do mar.

O pólipo coralino está longe de ser um indivíduo isolado; ele é indissociável das outras espécies microscópicas que vivem dentro dele de maneira fusional. É graças a essa união que as mais inverossímeis cidades marinhas, visíveis do espaço, foram construídas: os arquipélagos coralinos e a Grande Barreira de Corais, onde outras criaturas, do camarão aos grandes tubarões, também organizam suas complexas comunidades.

Não temos nem tentáculos, nem exoesqueletos calcários, mas seremos tão diferentes dos corais? Também vivemos em sociedades complexas, em que cada elo não é nada sem os outros. Nossas civilizações e nossas cidades se baseiam nos mesmos princípios fundamentais de ajuda mútua, que temos a tendência de esquecer nesta época em que o individualismo foi erigido como um ideal. No entanto, até nosso corpo, como o de vários animais, é semelhante ao dos corais: abrigamos imensas comunidades de seres vivos microscópicos que não são *Homo sapiens* e têm o destino ligado ao nosso. Estamos cheios de bactérias indispensáveis à nossa vida, desde a boca e o sistema digestivo até a sola dos pés. O corpo humano contém de três a dez vezes mais células não humanas do que humanas. Ter consciência desse número leva a pensar em questões de identidade. Um ser humano nada mais é que uma grande comunidade, em todos os âmbitos. Nossas ideias e nossa linguagem também não são um ecossistema repleto de conceitos e palavras vindas de outros lugares? As expressões que utilizamos inspirados em alguém, as ideias que recebemos e que habitam em nós... As histórias dos outros vivem em simbiose com as nossas histórias pessoais. Em nossa identidade, as palavras e as outras pessoas se frequentam e nadam lado a lado, como num grande recife coralino...

Os corais que podemos observar nas rochas mediterrâneas, os "dentes de porco" amarelos que crescem na pedra e os "alcionários" de grandes flores molengas são menos coloridos que os dos trópicos, mas contam as mesmas histórias fascinantes. Nesse mar, reza a lenda grega, nasceram os corais, quando o herói Perseu enfrentou o monstro chamado Medusa. Medusa era uma das terríveis Górgonas, três irmãs com cabeleira de serpentes que transformavam em pedra quem cruzasse seu olhar. Ninguém sabe se Perseu se inspirou no *stratum argenteum* da sardinha, mas ele teve a ideia de utilizar um espelho, para nunca precisar olhar sua adversária de frente. A luz perdeu sua magia petrificante ao ser polarizada pela reflexão... Seja como for, Perseu pôde assim decapitar Medusa. E, enquanto ele saboreava sua vitória, o sangue de Medusa escorreu por uma alga da margem, que se petrificou na mesma hora e se tornou um coral. Os poetas gregos, sem saber, formularam nessa lenda a ideia da simbiose coralina, entre algas, rochas e animal tentacular. Ou melhor: segundo eles, o coral nasce do monstro chamado Medusa, e hoje sabemos que as medusas (ou águas-vivas) e os corais são dois animais da família dos cnidários, primos próximos, de aparência diferente, mas de funcionamento anatômico idêntico, e que muitas vezes são uma coisa só. De fato, a maioria das medusas pode, ao longo da vida, se fixar à rocha e se transformar em pólipo. E reciprocamente, a maioria dos pólipos é capaz de viver em águas abertas na forma de medusa (com exceção de alguns corais construtores de recifes, de que apenas a larva pode viver em águas abertas). Quanto às outras Górgonas, as irmãs de Medusa que ficaram na sombra, elas deram seu nome a uma ordem de corais das profundezas, que crescem sem precisar de luz.

As águas-vivas assustam os banhistas e são uma boa razão para ficarmos na praia tomando sol... mas lembro que elas se tornaram seres fascinantes de observar quando aprendi a mergulhar. Nada conseguia me tirar da água, nem mesmo quando o dia caía e a água esfriava. Assim que me enrolava tremendo numa toalha, já começava a sonhar em voltar a mergulhar para ouvir as histórias das criaturas marinhas.

Infelizmente, as férias de verão sempre chegavam ao fim.

Filho de peixe...

Onde o linguado se achata.
Onde as anchovas comem os
próprios ovos.
Onde as baleias trocam canções
umas com as outras.

Recordações da infância... "O quadrado da hipotenusa é igual à soma dos quadrados dos catetos." Sentado em minha carteira na escola, as palavras que o professor ditava em tom monocórdio me entorpeciam. O sinal agudo do pátio me lembrava a cada hora, não sem malícia, que as férias haviam acabado. Lá fora, o sol brilhava.

Por que o começo das aulas era em setembro? Tinham escolhido de propósito o momento mais bonito do verão, em que o mar fica calmo, saturado de sol, e as folhas das árvores ficam de todas as cores ao fim do dia, como uma provocação? Tinham escolhido a estação mais cruel para trancar as crianças, enquanto o céu ainda brilhava no canto da janela, como um chamado à aventura e à liberdade?

Segurando a cabeça, com o cotovelo em cima da mesa, eu ouvia distraído a tediosa nomenclatura dos triângulos isósceles e equiláteros. Como um animal enjaulado, não entendia o que estava fazendo ali. Eu estava na escola para aprender coisas, tinham me dito. No entanto, era o professor, que já sabia das coisas, quem fazia perguntas aos alunos, e não o contrário! Essa maneira de ensinar me parecia muito misteriosa.

Entorpecido, eu pegava uma "folha dupla quadriculada com margem tamanho A4" e começava a traçar linhas, a mente ausente, com meu regulamentar lápis HB. Nem mesmo sobre aquele lápis, solicitado em todos os programas oficiais, aprendi alguma coisa. Todos usaram esse lápis na infância sem saber o que significavam o H e o B, e sem nunca ter visto algumas das outras espécies de lápis, os raríssimos 6H e 8B. Sob o grafite, meus riscos sonhadores se entrelaçavam, criavam uma paisagem à qual a mente e o olhar se agarravam, aos poucos me afastavam do quadro-negro cheio de teoremas. Os riscos se libertavam dos quadradinhos de papel e faziam a prisão de barras azuis e margem vermelha desaparecer. Eu devaneava ao sabor das ondas do desenho. Uma sardinha apareceu sob a ponta do lápis e começou a crescer. Eu ouvia o vaivém das ondas no roçar do grafite no papel. A sala de aula desaparecia atrás de uma bruma marinha. Pouco a pouco, o peixe crescia, sua imagem me levava consigo.

* * *

Os peixes não precisam ir à escola. Eles aprendem tudo o que precisam saber em sua vida de peixe de outra forma. No entanto, têm uma infância bastante complexa. Ao nascer, quase todos esses animais, das futuras sardinhas e douradas aos futuros e imensos atuns e espadartes, saem de um ovo de apenas um milímetro. Eles nascem como larvas minúsculas e rudimentares, dispersas na água, sem referenciais, no meio do plâncton. Elas não sabem nadar, comer, nem mesmo respirar: deixam-se levar, alimentadas por um saco vitelínico, e captam o oxigênio por difusão através da pele. Elas têm tudo a aprender.

Mas as larvas aprendem rápido. Em poucos dias, começam a se contrair, depois a controlar seus movimentos e a caçar pequenos espécimes de plâncton. As brânquias e as nadadeiras se desenvolvem. Elas descobrem sua própria história, que será seu destino. A larva da enguia aprende que precisa migrar para a costa e começa a nadar com vigor seguindo a Corrente do Golfo. As larvas do salmão se impregnam da memória de seu riacho natal, começam a reconhecer seu cheiro, para poder um dia reencontrar a pista dessa lembrança de infância. As larvas dos peixes coralinos, por sua vez, ficam de ouvidos atentos. Captam o rumor do canto dos habitantes de um longínquo recife de coral e nadam seguindo esse canto para chegar à sua fonte; elas se lançam numa viagem que dura longos meses pelos espaços vazios do alto-mar.

Para as larvas de peixes, locomover-se na água, quase sempre por longos périplos, é uma tarefa bastante complexa. Do ponto de vista de criaturas tão minúsculas, a água não se comporta como para nós. Quando a observamos de perto, o movimento de difusão das moléculas de água predomina sobre os efeitos de inércia e convecção das correntes. Em pequena escala, a água não se desloca em bloco, cada uma de suas moléculas apresenta movimentos desordenados. Quanto menor o objeto, mais importantes se tornam esses movimentos desordenados em relação a seu tamanho, e mais lenta se torna a circulação de água em volta dele, sob o efeito dessa agitação das moléculas de água. Uma criatura pequena percebe a água como um fluido bastante imóvel e viscoso, portanto, que a freia constantemente. Para uma larva de peixe, a água é tão viscosa quanto o mel para nós. Crescendo, o peixe sai dessa viscosidade e sente a água circular de outra maneira, como um fluido mais leve. Ele pode tomar impulso, deixar-se escorregar e mesmo levar pelos movimentos da água. À medida que cresce, portanto, o peixe constantemente reaprende a nadar. Reaprender e redescobrir também é o destino dos seres humanos, sobretudo durante os anos escolares. No início, pedem às crianças que sejam criativas, que desenhem livremente no papel. Depois, elas precisam colorir dentro das margens, respeitar as regras. Escrever frases contidas, com sujeito, verbo e complemento. Dobrar-se ao que é solicitado. Depois chegam as provas, quando voltam a nos pedir para sermos originais, mas dentro dos limites, sem assumir riscos. No fim da escolarização, cada um que reaprenda tudo à sua própria maneira, que invente suas próprias regras ou que encontre sua própria originalidade.

* * *

A larva do peixe, adaptada à vida planctônica, não se parece nem um pouco com o animal que ela se tornará quando adulta. O jovem peixe-lua parece um sol, cheio de raios triangulares saindo do corpo. A larva de sardinha lembra uma enguia filiforme. A larva do espadarte parece um dragão, sem rostro, mas com uma imensa vela no dorso. É muito raro conseguir observá-la, pois ela cresce extremamente rápido nas primeiras semanas, chegando a quarenta quilos em um ano. As larvas dos peixes achatados, como linguados e solhas, nascem como peixes "normais": elas nadam longe do fundo e têm um olho de cada lado da cabeça. Durante seu crescimento, um dos olhos migra até alcançar o outro num dos lados, que aos poucos se achata. Deve ser uma estranha mudança de ponto de vista para o linguado. Ele abandona a liberdade das correntes para se colar ao solo, se fundir às areias do fundo, coberto de sedimentos cuja cor adquire. Ele se acostuma a ver o mundo de baixo, e tem o céu como único horizonte. Vive rente ao chão, num mundo em duas dimensões.

A origem da forma achatada do linguado já fez correr muita tinta. No Brasil, lendas populares atribuem a forma dos peixes chatos a acontecimentos mágicos. Elas contam que, originalmente, o linguado tinha a mesma forma dos outros peixes, e era um peixe bom e trabalhador. Um dia, porém, teria zombado da Virgem Maria, cujo manto muito comprido se arrastava no chão e a fazia tropeçar. Fadas e diabretes, para se vingar, resolveram achatá-lo. Maria, em sua imensa bondade, ficou com pena do linguado e deu a ele sua carne branca, imaculada e deliciosa, tornando-o, em compensação, um peixe nobre e elegante.

Outras versões da lenda contam que foi para punir o linguado por sua curiosidade, quando esse peixe voyeur foi surpreendido espiando um banho da Virgem Maria, que Deus achatou o animal. A ciência corrobora as lendas num ponto: os linguados não nascem chatos, eles se achatam com o tempo.

Como o linguado, meu lápis caiu no chão e bateu no linóleo com um ruído macio. Ao olhar brusco do professor, num reflexo rápido escondi a folha embaixo do caderno, para que não visse meus desenhos. Ele continuou o ditado sem mudar de tom. Escapei por pouco, mas ele ficou de olho em mim.

Metamorfose dos peixes chatos

O professor falava sem manter contato visual conosco, mais entediante que o mais mudo dos peixes. Ele nos perscrutava de longe, atento, mas apenas para localizar os que não prestavam atenção ou faziam outra coisa. Eu tentava me agarrar a suas palavras, mas o tédio era mais forte. As ondas do mar me chamavam. Minha folha se enchia de gaivotas e arabescos abstratos, e uma paisagem inacabada me encorajava a continuar. Puxei discretamente uma ponta de baixo do caderno. À espreita, comecei a colorir o desenho com as quatro cores da caneta, cuidadoso caso precisasse esconder tudo num instante. Eu achava absurda aquela clandestinidade forçada. Como esperar que alguém aprendesse alguma coisa acossado pela mesma pessoa que se dizia seu professor?

* * *

Comparado a certas criaturas marinhas, eu provavelmente não poderia me queixar. Alguns peixes são perseguidos pelos próprios pais ao nascer. As anchovas, incapazes de perceber a diferença entre os ovos que as fêmeas expelem e o plâncton de suas refeições, devoram 28% da própria ninhada. Os lúcios, mais pacientes, comem os filhotes numa idade mais avançada, e as fêmeas não hesitam em morder os machos alguns instantes depois da fecundação. Esses comportamentos perduraram ao longo da evolução porque visam a sobrevivência da espécie. Depois da desova, os peixes ficam exaustos e precisam obter calorias sem grandes gastos de energia, para sobreviver: ovos com gordura ou um macho cansado são mais atrativos do que as presas habituais.

O *Cottus gobio*, peixe atarracado que vive no fundo dos riachos montanhosos, resolveu o dilema entre o sucesso da desova e a sobrevivência dos pais através de um sensato equilíbrio. É o macho que guarda os ovos, numa espécie de gruta, em cujo teto cada fêmea coloca, separadamente, um cacho de ovos. Para protegê-los, ele precisa parar de se alimentar por um mês. Quando a fome aperta demais, ele come com parcimônia alguns ovos de cada cacho, sem nunca devorar um cacho inteiro. Assim, sempre restam alguns alevinos de cada cacho, portanto de cada fêmea, e a diversidade genética da nova geração é assegurada.

O tubarão-touro tem uma estratégia mais radical. Ele é ovovíparo: os filhotes nascem de um ovo, mas dentro do útero da mãe, onde crescem até o nascimento. Eles não têm cordão umbilical para alimentá-los, no entanto; sua estratégia nutritiva é muito mais agressiva. Uma mesma fêmea de tubarão acasala com vários machos diferentes; ela carrega, portanto, várias dezenas de embriões de tubarões, de pais diferentes. Os primeiros a eclodir, mais fortes que os outros, devoram os meios-irmãos no útero, depois os ovos que não eclodem e até os óvulos não fecundados. Quando estão fortes o suficiente e prontos para enfrentar o mundo exterior, restaram apenas um ou dois sobreviventes, de quase um metro de comprimento. Essa luta fratricida intrauterina acaba selecionando os embriões mais robustos, com as melhores chances de sobrevivência.

* * *

Alguns peixes, felizmente, têm uma infância mais doce ou, em todo caso, mais parecida com a nossa.

Muitos peixes protegem seus ovos e cuidam dos filhotes. Entre os peixes, os machos costumam cuidar da progênie. Eles cumprem essa tarefa com imensa devoção, verdadeiramente exemplares e muito à frente de nossa sociedade... O macho do peixe-lapa, peixe arredondado dos mares frios, espécie cujos ovos pretos ou vermelhos são vendidos como substitutos de caviar, oxigena os ovos da parceira num ninho de algas em águas pouco profundas. Ele se fixa com uma ventosa ventral às rochas dos arredores e fica ao lado de seus ovos de seis a sete semanas, para tomar conta da ninhada até a eclosão. Algumas tilápias do lago Tanganica são pais ainda mais devotados: para melhor proteger a progênie, eles fecundam e incubam os ovos na própria boca, depois criam os filhotes, que se alimentam de tudo o que os pais absorvem. Nos cavalos-marinhos, a fêmea põe seus ovócitos numa bolsa situada dentro do corpo do macho. Este se encarrega de fecundar e carregar os ovos, até dar à luz centenas de bebês cavalos-marinhos, que saem de seu corpo como fogos de artifício.

Poucos peixes vivem em família, mas é o caso de algumas espécies, como os peixes-palhaço. Dentro de sua anêmona-do-mar, os peixes-palhaço constituem uma estranha família: ela é formada por um casal de pais e por todos os seus filhotes, que sempre nascem machos. Quando a fêmea vai embora, seu parceiro se transforma em fêmea e o mais maduro dos jovens machos assume o papel de marido; para se conformar a essa original realidade, o famoso filme de animação precisaria ter o enredo um tanto modificado.

Muitas espécies de peixes são hermafroditas; elas trocam de gênero ao longo da vida. O mundo submarino tem a mente muito aberta a respeito desses temas que chamamos "sociais" e apresenta uma grande diversidade de comportamentos. Em nossas praias, todas as judias, estrelas da sopa de peixe, nascem fêmeas. Com a idade, elas se tornam machos, adquirindo cores mais vivas e uma linha vermelho-alaranjada. Mas algumas judias, no momento da transformação, preferem não vestir as cores de macho e mantêm a aparência de fêmeas. Assim, enquanto os outros machos brigam pelas fêmeas, esses machos de aparência feminina podem discretamente ganhar a confiança das fêmeas verdadeiras e seduzi-las, sem despertar suspeitas. As judias que desfilam turbilhonando pelas rochas do Mediterrâneo são um espetáculo multicor muito bonito. Assim que alguma coisa acontece, elas correm para todos os lados e rodopiam como acrobatas de circo. Muitas vezes, admirando-as ao mergulhar, eu pensava comigo mesmo...

"Bilhete na agenda!" O brado sinistro me tirou violentamente do devaneio subaquático. Dessa vez, o predador saíra ganhando. "Duas horas de detenção."

* * *

Uma tarde de quarta-feira preso dentro de quatro paredes, privado de liberdade... haverá castigo maior para uma criança do que uma detenção a ser cumprida com duas horas de sua vida? Fui castigado por estar "nas nuvens" e desenhar em vez de estudar os ângulos dos triângulos; entrei numa sala de aula escura e vazia com dois colegas castigados por "tagarelice". Para as pessoas que queriam nos ensinar a viver, os piores crimes eram falar e sonhar.

No entanto, a comunicação é indispensável ao aprendizado. Comunicar-se é fundamental para que uma civilização possa nascer e viver.

Os polvos são considerados um dos animais mais inteligentes de nosso planeta, e provavelmente possuem o recorde de inteligência entre os invertebrados. Seu cérebro é surpreendentemente eficiente, capaz de raciocínio e dedução: eles são uma verdadeira anomalia da evolução na família dos moluscos, que reúne seres aparentemente simples como mexilhões e caramujos. Além da mente vivaz, os polvos têm corpos espetaculares: eles são completamente moles e capazes de se esgueirar por fendas minúsculas; mudam de forma e cor à vontade; têm oito braços por onde parte de seu sistema nervoso se espalha e membros cuja inteligente agilidade põe à prova nossos robôs mais avançados. Todas essas vantagens deveriam ter feito dos polvos a espécie dominante de nosso planeta, sobretudo porque, vivendo na água, eles dispõem de 71% da superfície do globo para construir sua civilização.

Mas eles não conseguiram fazer isso, ao menos não ainda. Uma possível explicação para esse fracasso estaria na maneira como eles transmitem seus conhecimentos. Um polvo adquire conhecimentos ao longo de toda a vida: ele desenvolve estratégias complexas, como disfarçar-se de seus predadores para melhor evitá-los, utilizar conchas vazias como armadura ou arrastar-se por terra firme para comer, em apneia. Acreditava-se que esses cefalópodes eram incapazes de se comunicar; hoje sabemos que isso não é verdade. Eles compartilham dicas de sobrevivência, falam por meio de sinais dos braços e mudanças de cores, e vivem até em cidades de polvos, regidas por interações sociais complexas e construídas sobre pilhas de conchas das quais eles se alimentam. Mas embora possam compartilhar conhecimentos entre si, os polvos são incapazes de transmiti-los à geração seguinte. Isso se deve a seu modo de reprodução. O início da vida do polvo é extremamente triste e dramático. Depois da fecundação dos ovos, os machos fogem para fazer outras coisas e as fêmeas ficam na caverna onde os ovos são postos, para vigiar e oxigenar as pequenas estalactites brancas onde os embriões dos polvos se contorcem. Mas os ovos levam tanto tempo para eclodir e a fêmea os protege com tanta dedicação que, sem se alimentar desde que os expele, ela morre de exaustão logo antes da eclosão dos filhotes. Ela nunca consegue dialogar com sua progênie, nem transmitir seu saber à nova geração. Um jovem polvo precisa, portanto, reaprender tudo por si mesmo. A impossibilidade de educar os filhotes custou aos polvos a conquista da terra firme, as cidades, as catedrais, os satélites 4G, o metrô na hora do rush, as polêmicas nas redes sociais, os impostos e todas as outras alegrias da civilização. Talvez assim seja melhor para eles, mas também é uma pena, pois eles sem dúvida se lembrariam de colocar extintores em suas catedrais e redes de internet em seus metrôs.

Polvo

Ao contrário dos polvos, as baleias-jubarte criam os filhotes por longo tempo e conversam com eles constantemente; esse método de educação levou-as à criação de uma espécie de cultura. Os grupos de baleias desenvolvem traços culturais: comportamentos que lhes são próprios, que eles mantêm e transmitem por meio de um aprendizado social. Seus cantos são transmitidos de ano em ano entre baleias de um mesmo grupo. Cada indivíduo acrescenta ou modifica algumas estrofes, que em seguida são compartilhadas com os outros. Os cantos evoluem constantemente ao longo dos anos, do mesmo modo que as modas musicais e a linguagem. Temas podem surgir, outros, desaparecer; alguns se transformam.

Nos anos 1980, os cardumes de arenques desapareceram do golfo do Maine, excessivamente pescados pela frota industrial.

Em todo o mundo, as baleias-jubarte reúnem os arenques soprando bolhas em volta deles, para depois engolir cardumes inteiros numa única aspiração. Quando esses peixes desapareceram da região, as baleias do Maine precisaram se voltar para outra presa: as galeotas, cujos cardumes são mais difíceis de reunir. Elas inventaram então uma nova técnica, que consiste em gerar bolhas na superfície com a cauda, para forçar as galeotas a mergulhar. Desde então, essas baleias transmitem a técnica de pescar a galeota de geração em geração. Uma baleia "ingênua", vinda de outra região, não sabe pescar galeotas naturalmente. Se ela encontrar baleias do Maine e estas lhe ensinarem a técnica, ela poderá aplicá-la. Essa transmissão de saber adquirido, e não inato, veiculado pela pedagogia e não pelo instinto, demonstra, segundo os etólogos, a transmissão de cultura entre as baleias.

Mas eu nunca fui um filhote de baleia e claramente não estava passando a tarde de quarta-feira trancado numa sala de aula para aprender, nem para me cultivar. Eu temia o molho em que seríamos comidos, a tarefa que o supervisor nos passaria.

Quase sempre precisávamos copiar, por duas horas, o regulamento da escola ou, no pior dos casos, artigos específicos desse regulamento, o que só acentuava nossa vontade de inventar mil estratagemas para transgredi-lo, enquanto nossos punhos doloridos copiavam mecanicamente suas palavras. Mas o supervisor, de bom humor naquele dia, foi clemente. Sem tirar os olhos do jornal, ele nos convidou a passar nossas duas horas de detenção escrevendo uma redação. Tema: "Minhas férias".

Obedeci, primeiro a contragosto. Parecia-me ainda mais cruel ter que relembrar as férias naquele momento em que justamente estava privado delas. Mas as palavras começaram se suceder no papel e aos poucos me levaram junto com elas, como as linhas de meu desenho o haviam feito antes. Descrevi a pequena enseada de águas luminosas, as plantas aquáticas de um verde violáceo que ondulavam sob os reflexos do céu, as tainhas roçando a superfície. Com simples sinais de tinta, recriei os cardumes de peixes-rei translúcidos, o dorso azul das sardinhas, o fundo do mar pontilhado de estrelas-do-mar, o ouriço-do-mar e seu sonoro crepitar. Eu estava livre de meu confinamento, nadava no universo que descrevia. Todas as atrozes regras de gramática, que me faziam sofrer, se fundiam à harmonia das paisagens marinhas. As figuras de estilo, com que o professor de francês martelava nossos ouvidos, ganhavam vida nas profundezas: o polvo camuflado entre as rochas se tornava uma metáfora do fundo do mar; o congro se escondia em sua toca como um eufemismo, deixando de fora apenas o focinho. As salemas se alinhavam umas às outras em anáfora; o minúsculo bodião-de-pinta intimidador fazia hipérboles. Senti um orgulho genuíno em me deixar embalar por essa poesia e em tirá-la das águas para colocá-la no papel. Fiquei feliz de poder compartilhá-la.

Mas eu só a compartilhei com o papel. Assim que entregamos as redações, o supervisor arrumou-as mecanicamente numa pilha e, sem nem mesmo passar os olhos por nossos textos, amassou tudo e jogou no lixo.

Só mais dez meses pela frente, pensei ao sair da sala. Felizmente, o frio voltaria e, com ele, as férias de Natal. Eu ouviria de novo as histórias do mar, ainda que de uma forma bem diferente. Pois a chegada dos "meses com R" marcava a estação de frutos do mar.

Moluscos e crustáceos

Onde, mesmo se não gostar de ostras, você terá algo a dizer no próximo jantar de frutos do mar.
Onde um búzio reuniu o povo judeu depois de dois milênios de buscas.
Onde galáxias antigas brilham nos olhos dos camarões.

Os frutos do mar têm algo em comum com o coentro, o queijo mofado e o chá de alcaçuz: eles dividem as pessoas. Embora ninguém goste de ostras ao nascer, depois de certa idade podemos diferenciar aqueles que realmente gostam de comê-las, os que fingem gostar, disfarçando seu gosto com vinagre, e os que detestam e assumem detestar.

Entre os verdadeiros apreciadores de ostras, somente uma elite sabe de fato abri-las sem precisar recorrer às dicas, em geral perigosas, de inúmeros tutoriais na internet.

Mas pouco importa se gostamos ou não de seu gosto: abrir uma ostra é um pouco como abrir um livro. Uma porção de água do mar fechada no mil-folhas da concha, um tesouro nacarado sob uma crosta rochosa, que resiste e não quer se mostrar. A ostra é repleta de rumores marinhos, histórias oceânicas que, fechadas, não costumam ser compartilhadas.

Enquanto os gourmets forçam as conchas e sorvem seu conteúdo, esperemos que ela calmamente se entreabra e deixe escapar alguns de seus segredos.

***

De fora, a concha da ostra já não é um material como os outros. O nácar que a constitui é um biomineral — um mineral produzido por um ser vivo. A aliança do reino animal com o reino mineral lhe confere propriedades incomuns. O nácar é composto de 99% de carbonato de cálcio, ou seja, giz. Mas a ostra conhece a arte secreta de transformar giz quebradiço e sem graça em nácar resistente e precioso.

O 1% da composição do nácar não constituído por giz é uma receita secreta de cimento à base de proteína, que a ostra utiliza para transformar o giz. Sua técnica ainda é um mistério não elucidado, mas sabemos que ela acrescenta ao carbonato de cálcio alguns sais minerais para transformá-lo em minúsculas fibras de cristais calcários chamados aragonita, que medem uma dezena de mícrons. Depois, ela cola esses cristais uns aos outros de uma maneira desconhecida, mas que envolve a intervenção de uma proteína chamada conchiolina. Os cristais assim colados formam um material 3 mil vezes mais resistente do que a aragonita, que já é muito mais sólida do que o giz puro. O nácar não tem cor. A matéria que o constitui não é pigmentada. Mas a luz do sol, em contato com ele, é refletida por cada uma das minúsculas fibras de aragonita. Estas são tão pequenas e tão regularmente distribuídas que os raios luminosos refletidos interferem entre si, decompondo a luz do sol em cores bem distintas e produzindo os lindos tons iridescentes de certas conchas. A óptica chama essas cores de estruturais: o material incolor do nácar, por sua forma e sua estrutura, decompõe a luz e cria cores sem possuir nenhum pigmento.

A ostra produz nácar constantemente para crescer, mas também para se proteger. Quando um grão de areia entra em sua concha, ele é como uma pedra em seu sapato: irritante, incômodo, dolorido. A ostra, então, gira o grão de areia e o cobre de nácar, na esperança de expulsá-lo, ou ao menos suavizá-lo. O nácar pouco a pouco se deposita sobre o grão de areia, arredondando-o e formando uma pérola. Todas as ostras produzem pérolas. Embora seja raro encontrá-las nas ostras das peixarias, não é impossível que isso aconteça, e em matéria de pérolas é bom acreditar em milagres. As ostras sabem muito bem disso. Para não perder as esperanças diante de um prato de frutos do mar, ouçamos uma ostra que se entreabre e nos conta a verdadeira história da maior pérola do mundo.

* * *

É uma história que vem de longe e se passa nas águas claras das Filipinas. Nos recifes de corais dessas latitudes vivem as tridacnas, as maiores ostras do mundo, que têm mais de um metro de diâmetro. Esses moluscos eram levados à Europa pelos exploradores do Renascimento para servir de pia de água benta nas igrejas; alguns ainda têm esse uso. Certo dia, um grão de areia ficou preso na concha de uma tridacna, em algum lugar no fundo de um recife de coral perdido na região de Palawan. Todos os esforços da tridacna para expulsá-lo foram vãos. O molusco precisou produzir ao redor do grão uma pérola, que cresceu tanto que acabou ocupando quase todo o espaço dentro da concha. A história teve uma guinada inesperada com a chegada de uma grande tempestade, numa noite dos anos 2000. Um pescador dos arredores, que estava em alto-mar, não conseguiu voltar à costa devido às ondas enormes que quebravam nas barreiras de corais. Ele se viu obrigado a passar a noite no mar e lançou âncora. No dia seguinte, quando a calmaria voltou, ele começou a içar a âncora e, percebendo que ela estava presa, mergulhou para soltá-la. Ficou surpreso de ver a âncora agarrada a uma enorme tridacna, que continha uma imensa massa nacarada com estranhas circunvoluções.

O pescador, muito pobre e muito supersticioso, não entendeu que pérola era aquela, mas imaginou que deveria ser algum objeto mágico. Ao voltar para casa, portanto, ele a escondeu embaixo da cama. Dez anos se passaram, durante os quais o pescador, todas as manhãs antes de sair para pescar, tocava a pérola embaixo da cama, convencido de que ela lhe trazia sorte. Às vezes a pesca era boa, às vezes ruim. Com a confiança no sobrenatural típica da gente do mar, ele tinha certeza de que o objeto mágico o velava.

Ao fim dos dez anos, o pescador filipino precisou se mudar e sua tia, que trabalhava na cidade para um museu turístico, foi ajudá-lo na mudança. Foi com grande espanto que ela descobriu a pérola e aconselhou o sobrinho a mandar avaliá-la.

A história não conta se o dinheiro traz felicidade. Mas o pescador filipino se viu proprietário da maior pérola do mundo, pesando 34 quilos e com valor estimado em mais de 20 milhões de euros. Talvez ele tivesse razão de acreditar em sua magia.

* * *

Por muitos séculos, as pérolas foram um objeto raríssimo na França. A indústria das falsas pérolas é que fornecia ornamentos para as mais prestigiosas cortes da Europa. As pérolas falsas não vinham das ostras, nem mesmo do mar, mas sua história também está ligada a um peixe. Um modesto peixe de água doce que vive nas águas do Sena, em Paris, e nas águas do Ródano, em Lyon: o alburnete. A invenção da técnica de produção de pérolas falsas também é uma história que vale seu peso em nácar.

Corria o ano de 1686, na região parisiense. Um *patenôtrier*, isto é, um fabricante de rosários, chamado Mestre Jacquin, lamentava-se do negócio que, no entanto, fazia sua fortuna: o dos adornos de pérolas falsas. De fato, assim como todos os concorrentes da época, ele dava às falsas pérolas de vidro um aspecto nacarado preenchendo-as com uma mistura de mercúrio e chumbo, muito nefasta para a saúde de seus clientes. O homem sabia disso, sua clientela também, e mesmo assim suas pérolas artificiais eram disputadas a peso de ouro, o que o desesperava cada vez mais.

Apesar disso, ele tinha motivos para celebrar: seu filho estava prestes a desposar a deslumbrante Ursule, filha de um boticário vizinho. Mestre Jacquin lamentava a chegada de um momento fatídico: Ursule lhe pedira que fizesse, para seu casamento, um daqueles adornos de pérolas envenenadas.

Não conseguindo se convencer a fazê-lo, ele passou horas pensando numa solução, e foi vagando pelas margens do Sena que o brilho nacarado de um cardume de alburnetes chamou sua atenção.

O fabricante de rosários não sabia que as escamas desses peixes possuíam as mesmas estruturas microscópicas fibrosas do nácar, em células chamadas iridóforos, e portanto tinham exatamente a mesma iridescência das pérolas. Mas intuiu que teriam um brilho similar. Com a ajuda de seu futuro consogro boticário, ele aperfeiçoou uma técnica à base de amoníaco para conservar as minúsculas escamas de alburnete e injetá-las em finas bolas de vidro cheias de cera. Ele batizou a técnica de Essência do Oriente e em pouco tempo todas as cortes da Europa disputavam suas falsas pérolas irisadas, agora inofensivas.

Como eram necessários 20 mil peixes para produzir quinhentos gramas de Essência do Oriente, a indústria do alburnete deu vida a aldeias inteiras ao longo do Sena, do Saône, do Ródano, por cerca de duzentos anos... Muitos moinhos de água, originalmente destinados a bater as escamas dos alburnetes, ainda giram em suas margens.

* * *

Abaixo das ostras, no prato de frutos do mar, escondem-se os discretos caramujos. Por que colocar caramujos num prato de frutos do mar? Eles nunca são comidos por ninguém e abri-los requer uma destreza de chimpanzé cirurgião. Mesmo assim, insistem em nos servir uma pilha cada vez maior desses gastrópodes. Às vezes inclusive sem a indispensável maionese de acompanhamento e sem os redentores palitos ao lado.

Búzios também costumam ser acrescentados. O que pode haver de mais mudo e desinteressante do que um búzio?

Mas eis que o búzio, inspirado pela ostra, também abre seu opérculo e começa a contar uma história. A de seu primo mediterrânico, um búzio que esteve na origem de uma busca milenar, pelos quatro cantos do mundo. Uma busca tão antiga quanto a Bíblia.

Estava escrito no Antigo Testamento. O Eterno se dirigiu a Moisés nos seguintes termos: "Fala aos filhos de Israel, e dize-lhes que façam franjas nas bordas de suas vestes, por todas as gerações, e que ponham um cordão de *tekhelet* na franja de cada borda". O cordão tinha uma cor sagrada. O *tekhelet* era ao mesmo tempo "negro como a meia-noite" e "azul como a safira das Tábuas da Lei". Era ao mesmo tempo "azul como o céu em torno do sol" e verde. Estava escrito. O *tekhelet* era sagrado porque vinha do *hillazone*, e o *hillazone* era um molusco que "parecia o mar", e o mar parecia o céu. Estava escrito.

Por séculos, os hebreus produziram a cor *tekhelet* a partir do molusco *hillazone*, para ornar as franjas de suas roupas. Era um rito ancestral: extrair do mar esse presente do céu, depois tingir as franjas de lã com a cor divina.

Mas os hebreus não foram os únicos a produzir cores a partir de moluscos. Os gregos e os romanos também tinham um pigmento vindo das águas: a púrpura. Esta não era um presente divino: fora descoberta por Hércules, ou melhor, por seu cão, que manchara o focinho de púrpura ao mastigar alguns moluscos na praia. A púrpura não tinha o brilho do *tekhelet*. Ela era de um violeta-rosado que puxava para o vermelho-bordô. Não era a cor de Deus, mas a cor da glória, dos imperadores e dos notáveis.

Como a produção de um grama de púrpura exigia o descascamento de 12 mil moluscos múrex à mão, o pigmento era mais caro que o ouro. Seu comércio, que fez a glória da cidade fenícia de Tiro, movimentava milhões de sestércios e atraía a cobiça de muitos. César logo a viu como um meio de encher os cofres de Roma e decretou que toda tintura à base de moluscos se tornava monopólio imperial.

O *tekhelet* não escapou ao decreto e, para continuar honrando seu compromisso divino, os tintureiros hebreus passaram para a ilegalidade. Por cerca de dois séculos, o *tekhelet* se tornou uma cor clandestina. Era usado com discrição nas ruas de Jerusalém; todos sabiam de onde ele vinha, mas ninguém abria a boca. Os romanos fechavam os olhos, pois só se importavam com o rosa da púrpura. Mas Nero, o imperador louco, quis ser o único a usar púrpura. Ele promulgou uma lei que reservava para si toda cor saída do mar e fez com que fosse aplicada com violência em todo o império. Os hebreus precisaram se submeter à sua vontade, desesperados com a proibição.

O segredo do *tekhelet* permaneceu na Bíblia, mas com o passar das gerações a arte de sua preparação foi esquecida. O *hillazone* teve dias felizes nos recifes mediterrâneos: em pouco tempo, ninguém mais se lembrava de seu aspecto.

Com o passar das civilizações, o povo judeu se dispersou pelo mundo, para muito longe das margens onde o *hillazone* guardava seu segredo policromático. No entanto, os rabinos mantiveram a memória dessa cor perdida. Eles não conheciam seu brilho, mas sabiam que era seu dever de crentes fazer de tudo para reencontrá-la. Os escritos da Bíblia, porém, não facilitavam sua tarefa: a cor era descrita como simultaneamente preta, azul e verde; quanto ao *hillazone*, sabia-se apenas que ele tinha uma concha e que "parecia o mar".

Na Espanha da Idade Média, o eminente rabino Moisés Maimônides decidiu que o *tekhelet* devia ser azul-claro, e os judeus sefarditas, na África do Norte, passaram a ornar seu xale de oração, o *talit*, com franjas azuis. Enquanto isso, na Borgonha, o rabino Rashi de Troyes dizia que o *tekhelet* devia ser preto; os judeus asquenazes da Europa passaram a usar um *talit* de franjas pretas.

Mas para os que queriam seguir a determinação bíblica ao pé da letra, os esforços para encontrar um molusco parecido com o mar que produzisse uma tinta ao mesmo tempo preta, verde e azul seguiam infrutíferos. Pensou-se na *janthina*, um molusco azul como o mar, que solta uma tinta azul para afastar os predadores, mas sua cor era apenas azul, sem nenhum reflexo esverdeado ou preto. No século XIX, o rabino Radzyner teve outra ideia: o *hillazone* talvez fosse uma simples sépia. Esse cefalópode era de fato capaz de mudar de cor, como o mar, e de se camuflar nas profundezas submarinas. Ele possuía uma espécie de concha, o osso de sépia. E soltava uma tinta preta. Faltava torná-la azul. Radzyner aperfeiçoou um tratamento químico que lhe permitiu obter a cor índigo a partir da tinta da sépia.

A certeza de finalmente ter encontrado o *hillazone* durou até os progressos da química evidenciarem que o pigmento azul assim obtido era formado não a partir da tinta da sépia, mas dos átomos de carbono desse molusco, depois de queimado. Ou seja, qualquer outra matéria orgânica carbonizada teria produzido uma tinta azul pela técnica de Radzyner. O *hillazone* não era a sépia.

Alguns judeus acabaram acreditando que o *hillazone* havia sido deliberadamente retirado dos homens por Deus, e que somente o Messias recuperaria seu segredo.

Nos anos 1970, no entanto, arqueólogos descobriram no Líbano os restos de imensos depósitos de conchas de múrex, que deram aos pesquisadores uma nova pista. E se esse múrex, que os romanos utilizavam para a púrpura, tivesse uma identidade secreta?

Ele era um grande búzio rajado; não se parecia com o mar, quando os rabinos viram sua concha no museu. Mas o molusco vivo, na água, ficava coberto de algas e sedimentos, que lhe conferiam o aspecto rochoso e musguento das profundezas marinhas.

Um pescador deve ter sido o responsável por quebrar um múrex num dia ensolarado e descobrir o segredo do *tekhelet* ao ver seu suco se tornar preto, depois verde, depois azul. Foi preciso esperar mais de 2 mil anos para redescobri-lo, mas nos anos 1980 o químico Otto Elsner o demonstrou: os pigmentos do múrex, sob o efeito dos raios ultravioleta da luz do sol, mudam de cor e se tornam azuis, pretos ou verdes. O *hillazone* foi reencontrado.

Os xales de orações dos judeus do mundo inteiro se uniram, recosturando um pedaço de sua história. Graças a um búzio. Um búzio de que nenhum rabino jamais conhecerá o gosto, pois consumir frutos do mar é proibido pelo Antigo Testamento.

* * *

Ao lado das ostras impossíveis de abrir e dos búzios que ninguém come, todo prato de frutos do mar vem com camarões.

Camarões são banais, mas você já observou como são estranhos? Ao descascar um camarão, você já se imaginou em sua pele por um momento?

Em primeiro lugar, o camarão tem o esqueleto por fora do corpo. E mais ou menos todos os meses ele sai desse esqueleto e se torna por alguns dias completamente mole e indefeso, enquanto um novo esqueleto se forma. Já é bastante estranho.

Os camarões também são muito tagarelas. Eles se comunicam sobretudo por meio do contato entre suas antenas. Antenas que também servem para sentir gostos e ouvir. Para eles, a audição, o paladar e a palavra se misturam.

Mas você já viu os olhos desconcertantes do camarão, completamente pretos?

Seus olhos são muito diferentes dos nossos porque, em vez de serem transparentes e focalizarem a luz por meio de uma lente, eles são completamente opacos. Ou melhor: eles absorvem a luz, em minúsculos alvéolos com o interior revestido de espelhos. Esses pequenos poços condensam a luz em seu centro, onde ficam os nervos ópticos. Isso confere ao camarão uma visão incrivelmente eficaz: ele pode enxergar 180 graus ao seu redor, mesmo em águas com muito pouca luminosidade.

À noite, no fundo do mar, o plâncton brilha como as galáxias. O camarão pode admirar esse espetáculo e sonhar, olhando para as águas-vivas que passam como estrelas cadentes.

O mar se parece com o céu, dizia o búzio na Bíblia. Um dia, os homens tiveram a ideia de imitar o camarão para olhar o céu. Telescópios da Nasa, construídos segundo o modelo dos olhos do camarão, observam à noite os raios X emitidos por galáxias nos confins do universo.

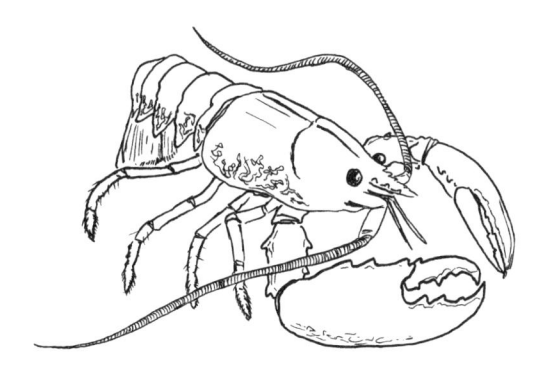

Lavagante

Mas a estrela do prato de frutos do mar não é o camarão. É o lavagante. Parece absolutamente lógico que a carne mais refinada e cara seja a mais impossível de degustar sem sujar o teto e o chão, e sem o auxílio de um martelo, de uma espécie de chave de fenda e de uma caixa de curativos. E até, em alguns restaurantes, de um ridículo babador, para evitar manchas na roupa.

Mas o lavagante faz jus a todas essas honrarias.

Embora não tenha sido o depositário dessa glória desde sempre. Visto que lembra um monstruoso inseto, foi por muito tempo desprezado pelos gourmets e, dois séculos atrás, os prisioneiros de Nova Jersey ficaram felizes quando a administração penitenciária se comprometeu a não servir lavagante mais de quatro vezes por semana.

É preciso dizer que o animal é ainda mais estranho que seu primo camarão. Ele usa as patas peludas para sentir o gosto da água. Ele urina por antenas localizadas abaixo dos olhos, e essa é sua maneira de se comunicar, a não ser quando prefere emitir vibrações sonoras. Ele vive em tocas submarinas, junto com um congro que lhe traz restos de comida e espera ansioso que ele perca sua carapaça durante a muda para devorá-lo. O lavagante cresce indefinidamente ao longo da vida e, quando perde uma pinça, uma pata ou um olho, estes logo voltam a crescer. Esse crustáceo pode até amputar-se um membro para fugir de algum perigo; ele sabe que o recuperará na próxima muda. Durante a muda, ele sai da carapaça velha e a devora; ela lhe fornecerá o cálcio necessário para desenvolver uma nova.

O fígado do lavagante, que também lhe serve de rim e pâncreas, é a parte verde dentro de sua cabeça, apreciada por pouquíssimos gourmets. A parte laranja é feita de ovos, que dão origem a adoráveis bebês lavagantes redondos como caranguejos.

A maionese, em contrapartida, não existe no estado natural.

O lavagante é estranho demais para contar uma história que todos compreendam. Ele se mantém distante, sonhador. Talvez se lembre de seu velho amigo Gérard de Nerval. Esse poeta do período romântico, autor de poemas esotéricos e misteriosos, foi vítima de crises de loucura no fim da vida. Resolveu, então, ter um lavagante como animal de estimação, e passeava com ele preso a uma coleira de fita azul pelas ruas e cafés de Paris. Aos passantes que se espantavam, ele respondia com altivez que gostava mais daquele animal do que dos cães. "Gosto de lavagantes", dizia o poeta. "Eles são tranquilos, sérios, conhecem os segredos do mar... e não latem."

* * *

Entre os frutos do mar, os mexilhões, por certo menos nobres, provavelmente são os que mais agradam aos paladares. Basta dizer mexilhões *à marinière*, com fritas... e sentimos um aroma de férias e intimidade na mesma hora. Esses moluscos também têm coisas a dizer. Tanto os mexilhões fêmeas, reconhecíveis pela carne laranja, quanto os machos, de coloração amarelo-clara, são criaturas espantosas, capazes de filtrar 65 litros de água por dia para se alimentar de plâncton. Mas os mexilhões são conhecidos sobretudo por se fixar às rochas, com incrível tenacidade. Eles o fazem graças ao bisso, um feixe de filamentos de propriedades adesivas fora do comum, capaz de se fixar até no teflon. Preso à sua rocha, o maior mexilhão do mundo, que vive nas costas mediterrâneas, esteve na origem de uma história surpreendente.

Pinna nobilis

Sempre que mergulho no Mediterrâneo vejo algumas criaturas respeitáveis, que nunca deixo de cumprimentar, como velhos amigos. O *Pinna nobilis* é um desses amigos de longa data. Seria impensável não parar diante desse venerável molusco de tons de âmbar, que o tempo encheu de algas vermelhas e cobriu de carunchos dourados.

O maior mexilhão do mundo ergue sua concha vertical, oval e rosada, que lhe valeu o apelido de "grande pernil", acima dos campos de plantas aquáticas.

Eu estava longe de imaginar, observando-o pela primeira vez, que esse molusco aparentemente mudo estava na origem da lenda do Velo de Ouro!

A lenda, incontornável na mitologia grega, conta que o príncipe Jasão, para obter o trono do pai, precisa encontrar uma lã dourada de carneiro, aventura que o leva a longas peripécias envolvendo parricídios, dragões estripados e crianças esquartejadas, típicos do folclore da época. O laço entre o herói grego em busca de uma pele de carneiro e o mexilhão gigante das profundezas não salta aos olhos imediatamente. É preciso acrescentar que foi nos sopés do Himalaia que o molusco gerou a lenda do Velo de Ouro, o que também não é muito claro...

A história nasceu quinhentos anos antes de nossa era, numa região da Ásia Central outrora chamada de Báctria e hoje ocupada por ex-repúblicas soviéticas com nomes em "ão" que no jogo das capitais ninguém acerta.

Imagine a estepe, o vento gelado e cortante cheio de areia, os camelos cobertos de geada e exalando fumaça sob seus cestos de mercadorias; os lobos ao redor, que não perdem a caravana de vista, e os salteadores que rondam como abutres. Que alívio para os mercadores avistar, ao longe, as fortificações do caravançará!

Depois de semanas de deserto, eles finalmente encontravam abrigo e pão fresco. Esses mercadores vinham da Antioquia, porto grego do Mediterrâneo, carregados de fardos de um fino tecido dourado. Se o trajeto continuasse sem obstáculos, o estranho pano em poucos meses chegaria a Xian, cidade do longínquo império de Sérica, que ainda não se chamava China.

A cada parada, eles cruzavam com outros caravaneiros, e os negócios prosperavam. Alguns transportavam marfim de Cartago, âmbar do Báltico, especiarias. Outros, vindos do império de Sérica, seguiam a mesma rota em sentido inverso. Eles manifestavam grande interesse pelos tecidos dos mercadores gregos de Antioquia. Seus próprios iaques estavam carregados de seda.

Sob arcadas com cheiro de incenso, os mercadores séricos, curiosos, convidavam os gregos a comparar tecidos. Eles explicavam com orgulho que seus rolos de seda vinham de grandes borboletas noturnas cujas lagartas teciam um casulo; fiar um tecido tão fino a partir do casulo exigia um trabalho demorado, daí seu preço. Depois, eles insistiam para ver a mercadoria que os gregos traziam de Antioquia.

Um dos mercadores abria, com uma falsa careta de tédio, um de seus fardos de tecido. E, como sempre, seguia-se um longo silêncio maravilhado.

O tecido desenrolado sob os olhos admirados brilhava como ouro, era suave como veludo, ao mesmo tempo macio e resistente. Tumulto nas galerias: todos acorriam para tocá-lo, contemplar seu brilho e, acima de tudo, ouvir sua história. O mercador contava, então, com grandes gestos, às vezes detendo-se para deixar os intérpretes respirar, a história desse tecido dourado.

Nos grandes campos nas profundezas de um mar azul, viviam conchas gigantes, firmemente ancoradas na rocha. Essas conchas se agarravam às rochas por meio do bisso: pequenas fibras muito sólidas, que resistiam às tempestades e aos esforços dos polvos para arrancá-las. Todos os anos, mergulhadores cortavam fios dessas fibras; eram necessárias centenas de conchas para produzir algumas mechas. Depois, uma técnica secreta à base de urina de vaca lhes conferia a cor dourada, e uma lenta urdidura os transformava em preciosos rolos de "seda do mar".

Embora a qualidade do tecido os fascinasse, os mercadores séricos não acreditavam na história, que consideravam fantasiosa demais. Era impossível haver uma seda de conchas. Os séricos teceram outras hipóteses. Aquela seda devia vir dos cabelos das sereias que choravam pérolas, como contavam algumas lendas, ou quem sabe de um carneiro de cascos palmados que, ao sair do mar, esfregava-se nas rochas, que arrancavam um pouco de sua lã, provavelmente dourada. Em inúmeros registros comerciais encontrados na China, os mercadores expressam sua incredulidade diante da suposta origem da "seda do mar".

Os gregos precisaram se adaptar para convencer os clientes séricos. Com o passar do tempo, eles trocaram a história do molusco pela do carneiro, que vendia melhor. O bisso do mexilhão se tornou a lã do carneiro do mar. Em pouco tempo, a lã do carneiro dourado passou a ser negociada em toda a Eurásia, sem que se soubesse de onde ela de fato vinha. O Velo de Ouro havia nascido.

Mais tarde, a seda do mar seria citada na Bíblia e na pedra de Roseta; ela vestiria papas e imperadores, e a lenda do Velo de Ouro inspiraria gerações de artistas.

A primeira vez que voltei a me deparar com um *Pinna nobilis* depois de conhecer essa história, o silencioso molusco pareceu esboçar um sorriso irônico. Um simples mexilhão, agarrado à sua rocha, havia criado uma lenda. Uma criatura sem olhos, sem voz, cuja vida se resumia a filtrar plâncton, se tornara a autora de um mito fundador de que se havia falado até na China.

O velho amigo molusco escondia todo o seu jogo sob aquele ar impassível!

Mas se fiquei comovido, foi também por um motivo mais triste. O molusco se entreabria para contar o trágico fim de sua história. Ele se abria pela última vez, pois não conseguia mais se fechar. Um parasita que proliferava devido ao aumento das temperaturas dos mares o impedia de fazê-lo, deixando o animal à mercê dos polvos, ávidos para entrar em sua concha nacarada e fazer um festim de fruto do mar.

Apesar dos esforços de seu aliado e simbionte, o pequeno caranguejo-ervilha, que pinça as brânquias do mexilhão para lhe dizer que se feche sempre que avista um polvo, eu sabia que aquele *Pinna* entreaberto não duraria muito.

Em um ano, mais de 90% dos *Pinna* de nossas costas desapareceram. Sua principal esperança de salvação, hoje, é a transferência dos últimos sobreviventes para aquários isolados, em terra firme, ao abrigo do parasita.

Sempre que olho para uma concha de nácar que tenho em casa, uma das últimas da região, encontrada vazia após a hecatombe, espero que esse molusco com incrível imaginação se depare com uma reviravolta feliz, para que possa continuar a escrever sua história.

As criaturas marinhas às vezes escondem pedidos de ajuda nas histórias que contam. Cabe a nós decifrar seus chamados.

Sugestões do dia

Onde as profundezas abissais perdem suas cores em embalagens de poliestireno.
Onde um pavê de bacalhau destrona Cristóvão Colombo.
Onde hesitamos.

Imagine... um restaurante à beira-mar como outro qualquer, com toalhas alaranjadas e guarda-sóis amarelos, vista para o porto. O garçom distribui os cardápios. Refeições em restaurantes, a meu ver, seriam um prazer perfeito se não houvesse a terrível etapa da escolha! Antes de se decidir impulsivamente pelo mesmo prato do vizinho, os indecisos, dentre os quais me incluo, tergiversam por horas, numa tortura filosófica. Relemos o quadro com as sugestões do dia, com medo de acabar como o asno de Buridan, e intimidados pelo garçom que começa a se impacientar. Entrada e prato principal, ou prato principal e sobremesa? Já que estamos na praia, melhor pedir peixe.

No quadro das sugestões do dia: filé de peixe-vermelho, arroz de açafrão...

* * *

A 550 metros de profundidade, em águas escocesas, o olho humano não enxerga nada. Felizmente, o cantarilho ou peixe-vermelho tem imensos olhos amarelos, que enxergam tudo naquela escuridão. Sua pele é escarlate. Como essa cor desaparece totalmente em águas profundas, ele se torna escuro e quase invisível. Ver sem ser visto resume bem sua vida, passada no fundo dos recifes, à espreita.

E ele vê muita coisa desde o nascimento, pois é um peixe longevo: pode chegar a mais de cem anos. As regiões abissais preservam.

Nesse recife de água fria, o fundo do mar é forrado por leques e rendas de corais pretos, que crescem na escuridão. As inflorescências moles e desbotadas dos *Lophelia*, górgonas translúcidas, e de pálidas anêmonas-do-mar formam uma paisagem fantasmagórica por onde alguns peixes luminescentes passam como fogos-fátuos.

Nessas profundezas não há sol, portanto não há plantas. A paisagem é totalmente constituída por animais, que, privados da riqueza nutritiva dos vegetais, crescem em câmara lenta. Os corais não podem cultivar as pequenas algas zooxantelas que costumam alimentá-los; eles precisam esperar que as correntes tragam presas microscópicas. Seus galhos crescem um único milímetro por ano. Os peixes que povoam seus recifes também vivem sem pressa. O cantarilho leva vinte anos para chegar à maturidade.

Em sua longa infância, ele escapa, com lentidão, de muitos perigos. Aprende a driblar os ardis do peixe-sapo, que, marrom e pustulento como um sapo achatado, se camufla. Este, à primeira vista, ninguém diferencia do fundo do mar. Os jovens cantarilhos ficam intrigados com um penacho fosforescente que balança acima do solo, como os brinquedinhos emplumados que enlouquecem os gatos. O cantarilho imprudente não vê o peixe-sapo que, logo abaixo, maneja a isca por meio de um longo filamento que sai de sua cabeça. O cantarilho se deixa atrair e o peixe-pescador só precisa abrir a boca para aspirá-lo numa grande corrente de água.

Há 42 mil anos, os aborígenes do Timor-Leste inventaram a pesca à linha. Mas fósseis do Cretáceo mostram que, na escuridão abissal, os peixes-sapo já a praticavam há 130 milhões de anos.

O cantarilho também cruza várias vezes com imensos cardumes de cações-galhudos. Esses pequenos tubarões de quase um metro de comprimento e belos olhos verdes de gato, com dorsos acobreados salpicados de nácar, nadam com elegante lentidão, sobretudo as fêmeas grávidas, que carregam os filhotes por mais de dois anos: é a gestação mais longa do reino animal, mais longa até que a dos elefantes. Ao sair do útero da mãe, os filhotes são iguais aos adultos. Quando o cantarilho era jovem, há quarenta anos, ele cruzava com grandes cardumes de vários milhares de cações-galhudos. Ele não vê muitos hoje em dia.

Às vezes, nas áreas pouco profundas dos recifes, a duzentos metros de profundidade, ele se depara com uma estranha criatura: o airo. Um pássaro que bate as asas embaixo d'água e bica vermes marinhos no fundo do mar. Parecida com um pacato pinguim, essa ave preta e branca é uma navegadora aguerrida; passa o ano todo em alto-mar, mergulhando em apneia até profundidades recordes e voltando para a terra uma vez por ano para fazer seu ninho no alto das falésias. O primeiro salto de sua vida, em que se atira no vazio para chegar ao mar lá embaixo, a imuniza contra o medo.

* * *

Mas um rangido se faz ouvir na paz das zonas abissais. Os elos de ferro de uma rede de arrasto arranham o recife, numa velocidade prodigiosa da qual nada pode escapar, e levam tudo num bolsão que deixa um rastro de lodo atrás de si. Serão necessários milênios de trabalho minucioso dos pólipos para reconstruir o recife, séculos do lento crescimento dos cantarilhos para repovoá-los. Mas a rede volta, inelutável, aprofundando dez vezes por ano as mesmas cicatrizes.

No convés, entre os sobressaltos das ondas, o bolsão da rede de náilon vomita uma torrente de criaturas desnorteadas, imediatamente triada. Os corais e os airos extraviados, junto com toda uma massa borbulhante sem valor comercial, afundam nos redemoinhos resultantes. Mãos enluvadas cortam o restante. Assim que limpos, os peixes são congelados. O cantarilho se torna uma massa branca, com a falaciosa etiqueta que diz "peixe-vermelho", nome mais familiar aos clientes e, portanto, mais vendável. O cação-galhudo também recebe um novo nome; sem pele, rabo e cabeça, o orgulhoso tubarão se torna um cilindro rosa chamado "*saumonette*". Ele será servido como "palito de peixe" nos refeitórios escolares, causando a cara feia das crianças e legando taxas de mercúrio recordes a esses inocentes predadores. Do peixe--sapo, assustador demais para os supermercados, restará apenas o rabo, renomeado tamboril. A farda escarlate do cantarilho, os frenesis dos cardumes de cações-galhudos, os ardis do peixe-sapo... numa passada de rede de arrasto, tudo vira um amontoado de carne padronizada e rosa. O gênio criativo humano.

* * *

Não, o prato do dia, não... Melhor ver as opções do cardápio. Bacalhau *sauce vierge*. Parece menos arriscado que um peixe desconhecido. Com o bacalhau, a qualidade é certa. Garantia de carne branca, sem espinhos. Zona de conforto culinário.

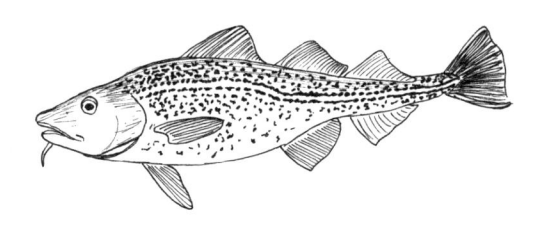

Bacalhau

Quinze mil quilômetros a leste, na China, operárias aplicam suas seringas num fluxo ininterrupto de filés de peixe que passam sobre uma esteira. Elas não sabem o que injetam, o segredo industrial o proíbe: um coquetel de fosfatos. Elas tampouco sabem de onde vem aquele peixe — do distante Atlântico Norte — e para onde ele irá a seguir: para as prateleiras europeias.

O cuidado cosmético dos fosfatos confere ao bacalhau um aspecto branco perolado tão apetitoso, e a mão de obra que o aplica é tão barata, que o voo de longa distância, ida e volta, se justifica. A pegada de carbono do trajeto faz o banco de gelo onde vivia o bacalhau, e que o protegia, derreter um pouco mais rápido.

O bacalhau sempre viajou, junto com a civilização. Em nosso congelador, onde ele encontra seu frio natal, acontece o último ato de sua história, uma história de viagens tão antigas quanto a Europa. A história de um peixe que descobriu a América e desencadeou guerras e revoluções.

O bacalhau vive nos mares frios, em torno do círculo polar. Para resistir ao inverno ártico e seis meses de noite e gelo, ele forma grandes cardumes que se empanturram de moluscos e crustáceos o verão inteiro, por isso desenvolve uma carne gorda e rica em proteínas.

Os vikings sabiam disso e desenvolveram, a partir do ano 1000, técnicas de pesca e armazenamento. Achatado, seco e salgado, o bacalhau vai para o supermercado. Ele perde 80% de seu peso, mas conserva seu valor calórico, e pode ser armazenado por mais de três anos. Nas viagens marítimas de Érico, o Vermelho, era a comida ideal. Os vikings obtiveram do bacalhau o alimento e a energia necessários para saquear todo o litoral europeu, e foi durante os saques no golfo da Gasconha que eles ensinaram os bascos a transformar o bacalhau fresco em seco.

O alimento fez então a alegria dos europeus, que, extremamente cristãos à época, consumiam peixe todas as sextas-feiras e durante toda a Quaresma, mas não tinham congeladores ou iFood. No fim da Idade Média, o bacalhau foi exportado para toda a Europa, tornando-se o peixe mais consumido, e foi assim que nasceram o aioli provençal, o bacalhau à *l'auvergnate* e milhares de outras receitas nas regiões onde nenhum bacalhau vivo jamais bateu as nadadeiras, nem mesmo na era do gelo.

O lucrativo comércio de bacalhau lançou os marinheiros bascos atrás dos imensos cardumes descritos nas lendas vikings, supostamente abundantes ao largo das costas de uma terra mítica chamada Vinlândia, no desconhecido extremo oeste do Atlântico. Assim, por volta de 1390, a busca ao bacalhau levou os bascos ao Canadá: para a Terra Nova e a Nova Escócia. Eles descobriram um novo continente e, acima de tudo, um incrível local de pesca de bacalhau, que mantiveram em segredo; somente um punhado de mapas da época o menciona. Ninguém compartilha um bom local de pesca. Cem anos depois, quando as caravelas de Cristóvão Colombo se fizeram ao mar, seus porões estavam cheios de bacalhau seco, pescado pelos bascos... na América.

No cardápio diário dos marinheiros das Grandes Navegações, o bacalhau se espalhou por todas as novas colônias; as Antilhas e a África Ocidental são doidas por ele até hoje, em bolinho ou frito. Os conquistadores portugueses, que o apelidaram de "fiel amigo", o exportaram para o Brasil e para Cabo Verde.

O comércio de bacalhau se tornou um negócio mundial. Para controlar os "refúgios" de pesca onde os preciosos peixes eram desembarcados, no Québec e na Terra Nova, as metrópoles da Europa se entregaram a quatro séculos de conflitos armados. Era a época dos marinheiros terras-novas, que viajavam a bordo de grandes navios de três mastros até os confins dos polos para encher seus porões com filés de ouro branco, "garantido sem espinhas".

Esse peixe fez a fortuna dos primeiros estados americanos. Principal fonte de exportação de Massachusetts, o bacalhau se tornou um de seus símbolos oficiais, e um bacalhau "sagrado" de madeira foi instalado na Câmara dos Deputados de Boston. Enquanto isso, na França, seu consumo fez a cotação do sal subir tanto que o rei criou um imposto sobre o sal... que desencadeou algumas revoltas famosas, no ano de 1789...

Até o século XX, a abundância de bacalhau parecia um maná inesgotável, como somente a desmesura do mar sabe oferecer. A técnica de pesca não havia mudado desde os vikings: linhas com anzóis, atiradas dos dóris, os pequenos botes dos grandes veleiros. A invenção dos motores e dos congeladores acabou matando a galinha dos ovos de ouro, ou melhor, das ovas de peixe. Em vez das linhas, seletivas e respeitosas para com o solo marinho, o habitat dos bacalhaus começou a ser raspado com redes de arrasto que capturavam cardumes inteiros. Para manter a competitividade, foi preciso pescar cada vez mais, portanto mirar também nos peixes mais jovens, e saturar o mercado, mesmo consumindo-se apenas parte do que é pescado. Desperdício se torna sinônimo de lucro. Num ritmo de 2 milhões de toneladas ao ano, a maravilhosa abundância que alimentou a humanidade por seis séculos despencou em uma década.

Os cardumes de bacalhau nunca mais voltaram. Seu habitat foi colonizado pelos lavagantes, suas antigas presas, que aproveitaram a situação para se vingar, devorando os ovos dos bacalhaus e impedindo seu retorno apesar das medidas de proteção.

Hoje, resta menos de 1% dos bacalhaus de outrora nas águas da Terra Nova. E os sobreviventes, em outras partes do Atlântico, também seguem em declínio; o bacalhau ainda é o peixe mais consumido na França. Qualidade constante, "garantia sem espinhas". Assim, para perpetuar a tradição das grandes viagens, os últimos pedaços de bacalhau voam para a China em aviões refrigerados e voltam cheios de aditivos e marcados pelo triste fim de sua história.

* * *

"Gostaria de fazer o seu pedido?" O garçom volta ao ataque... Melhor algo mais revigorante que o bacalhau, para combinar com o frescor da noite... Por que não tagliatelle ao salmão? Com nata, deve ficar saboroso e cremoso...

Um barulho de plic ploc incessante martela a água todos os dias e ecoa nas beiras do fiorde norueguês. É como o granizo do mês de março, só que o ano inteiro: uma chuva de granulados que cai sem parar nas gaiolas da fazenda aquícola. O salmão não precisa se preocupar com o cardápio: granulado de manhã, ao meio-dia e à noite. Mas ele não sente fome. Seu instinto lhe diz para perseguir o calamar e a anchova, não para caçar o granulado. Então este é atirado de novo e de novo... granulados temperados com o inebriante cheiro de feromônios, que o levam a comer sem vontade e, junto com os 150 mil congêneres de sua gaiola, a um atropelo frenético para se empanturrar de alimentos insípidos.

Os granulados que circulam ao seu redor forram o fundo da baía, e das profundezas sobe um odor fétido. Qualquer ferimento em suas nadadeiras, arranhadas nas grades da gaiola, infecciona imediatamente naquela água turva. Todos os dias, ele se sente doente. Menos na terça-feira. Nas terças-feiras, a água fica com gosto de antibiótico e lhe confere uma súbita injeção de saúde. Por instinto, ele nunca deveria precisar saber o que é uma terça-feira. Mas, para ele, a terça-feira é a fonte da juventude.

Quando a corrente oeste entra no fiorde, a gaiola aquática balança, numa vertigem nauseante. Surge uma onda mais alta que as outras e, num reflexo, ele salta nos ares e cai do outro lado da gaiola. Pouco a pouco, ele descobre a água pura que nunca conheceu, segue as correntes, encontra estranhos salmões esbeltos e selvagens, une-se a seus banquetes de anchovas em vastos turbilhões de plânctons brilhantes e ctenóforos irisados.

Mas nas novas águas não existe terça-feira. Suas velhas doenças voltam a incomodá-lo, e logo as manchas aveludadas das micoses contaminam os outros salmões, indefesos diante daquelas campeãs virulentas. Ele talvez sobreviva. Na primavera, sentirá a necessidade instintiva de subir um rio cheio de lembranças, para reencontrar o riacho de seu nascimento e dar a vida por sua vez. Mas ele não nasceu num riacho, nasceu numa bacia de plástico. Então ele perambula, sem encontrar o cheiro de seu PVC natal. Acaba seguindo, contrariado, outros salmões que sabem para onde ir; talvez até consiga vencer barragens e redes, e subir, com o rancor de um impostor, um rio desconhecido em que, misturando-se aos amores dos outros, dará à luz uma geração de salmões de cativeiro tão desnorteados quanto ele, que sem dúvida nunca chegarão ao mar.

* * *

"Ah, sinto muito, acabamos de servir os últimos dois pratos de tagliatelle", suspira o garçom, com ar falsamente pesaroso. Então a escolha está feita. "Quero o frango assado."

Ao largo das costas do Peru, uma rede aspira um cardume de anchovas por vários quilômetros, e com ele os golfinhos e raias-jamantas que se banqueteavam. De uma só vez, 1600 toneladas. O lucro é certo. Não importa que a rede esmague as anchovas; ninguém as degustará. Cheia de escamas e gorduras amargas, a anchoveta peruana não serve para nossos pratos, mas tem o mérito de viver em cardumes abundantes. Em terra firme, será transformada em farinha. Para alimentar os frangos de cativeiro.

Desenhe um peixe

Onde tentamos fazer um peixe empanado falar.
Onde começamos a gostar de anchovas.
Onde a receita da sopa de peixe contém os princípios dos antigos de proteção ao mar.

"Desenhe um peixe." A esse pedido de uma pesquisa em escolas primárias, a maioria das crianças desenhou... um retângulo. Para eles, os peixes eram retângulos dourados, que viviam em refrigeradores e apresentavam grande biodiversidade, pois existia outra espécie, na forma de bastão, que vivia nos refeitórios escolares. Uma pesquisa realizada com 910 crianças entre oito e doze anos mostrou que 20% ignoravam a ligação entre os animais vistos na televisão, chamados peixes, e o alimento de seus pratos, chamado palito de peixe.

* * *

As histórias do mar se calam nos corredores dos supermercados. Elas são silenciadas pelo barulho das ruas e pelas caixas das embalagens. Na cidade, o vínculo entre o homem e o alimento se rompe. No entanto, trata-se de um vínculo forte, natural, que costuma ligar o predador e sua presa: a cadeia alimentar. Na sociedade de hoje, nosso lugar na cadeia alimentar se perdeu. Não capturamos mais o que comemos, não vemos nossos alimentos de outra forma que não a de alimentos e, pouco a pouco, esquecemos a existência dos seres dos quais nos alimentamos. Negamos a vida da criatura que se tornou um prato industrial. Nós nos tornamos surdos a todas as histórias a respeito dessas vidas que consumimos, a todas as histórias que, no entanto, são muito mais nutritivas que o simples número de calorias registrado na embalagem. O peixe de um prato de sushi não é mais um tipo de peixe, apenas "peixe"; uma fatia abstrata. Entre duas fatias de pão de sanduíche, a fatia de salmão se vê amordaçada, ela não pode nos contar nada. Estamos com pressa e a engolimos sem nos darmos o tempo de ouvi-la, tomando água a cada mordida, para ir mais rápido.

As anchovas das pizzas às vezes suscitam debates, como as alcaparras e as azeitonas: alguns gostam de seu gosto salgado, outros o odeiam. Mas, seja qual for a categoria a que você pertence, já pensou nas anchovas? Nos cardumes cintilantes, com finas linhas azuis, que tremulam e ondulam no infinito alto-mar... Nos cardumes que são a base de tudo: a imensa biomassa desse peixe-ração alimenta golfinhos, atuns, baleias... Graças às calorias das anchovas uma miríade de espécies se alimenta. Você já refletiu sobre os mistérios da anchova?

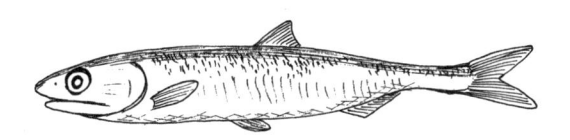

Uma anchova

As anchovas têm uma cabeça estranha, com uma imensa boca rasgada que ultrapassa a linha dos olhos e as faz parecer um personagem dos *Muppets*, além de servir para filtrar o plâncton. Seu nariz é grande e contém um órgão sensorial ainda incompreendido: o órgão rostral, espécie de massa gelatinosa cheia de neurônios ligados ao nervo óptico, que provavelmente as dota de uma percepção de campos elétricos. Você já pensou na longa história que nos liga à anchova? Na paixão dos romanos pelo garum, o molho obtido através da maceração de anchovas, com gosto muito especial (maneira educada de dizer terrivelmente ruim), que lembra nuoc-mam puro... e que eles compravam pelo equivalente em sestércios a cem euros o litro? Segundo alguns historiadores, a segurança dos locais que produziam garum, no sul da Gália, foi um dos principais motivos que levaram Júlio César a invadir a França (com exceção de uma pequena aldeia da Armórica... que vivia da pesca da sardinha...). Você já ouviu as histórias recentes da anchova? Em 2005, o estoque do golfo da Gasconha quase se extinguiu completamente sob a pressão da pesca francesa e foi salvo in extremis pela mobilização e pelo engajamento dos pescadores espanhóis. Ele voltou com força assim que algumas medidas foram tomadas para sua proteção. Com toda a abundância do mar, as anchovas voltaram a dar vida ao golfo e atraem bandos de cetáceos e milhares de pássaros. A mesma história se repete em outras partes do mundo, em todos os oceanos, onde são pescadas anualmente cerca de 6,2 milhões de toneladas de anchovas: uma a cada duas anchovas é pescada por ano.

***

A sociedade silencia as histórias dos peixes, da mesma forma que silencia os humanos. Diante de tanta indiferença, tornamo-nos tímidos. Vemo-nos num mundo com uma complexidade que nos oprime, em que todos correm atrás do tempo e não conseguem detê-lo. A caixa de palitinhos de peixe no setor de congelados é como as centenas de pessoas de paletó e gravata que trabalham no centro financeiro da cidade. A merluza foi vestida e acomodada numa embalagem colorida. Como as pessoas, ela desempenha um papel, que não escolheu. E ninguém pergunta de onde ela vem ou quem ela é, ninguém quer ouvi-la falar.

No entanto, tudo está interligado. Ao acender uma simples lâmpada, num gesto anódino... alguém pensa nas consequências desastrosas da eletricidade que vem das barragens? Cada vez que uma lâmpada se acende, o cascudo-zebra, um adorável peixinho preto e branco, se apaga. Sua extinção foi programada, com a construção da barragem de Belo Monte, no Pará, que, como previsto, destruiu completamente seu habitat, bem como o de centenas de outras espécies. Algumas espécies devem ter desaparecido antes mesmo de serem descobertas. Os únicos cascudos-zebra sobreviventes foram salvos por uma antiga inimiga: a paixão dos colecionadores de aquários, que criam os últimos indivíduos em grandes cidades mundo afora, para proteger a espécie hoje apátrida entre paredes de vidro e sob luzes artificiais. De milênios de tradições pesqueiras indígenas, e de um ecossistema florescente, resta apenas um rastro de lama. Ironia do destino, a barragem não produz nem metade da energia inicialmente prevista.

Se as barragens são desastrosas quando funcionam, elas o são ainda mais quando se rompem. Em Minas Gerais, o rompimento catastrófico das barragens de Brumadinho, em 2019, e Mariana, em 2015, mantidas pela mesma companhia, fez centenas de vítimas. E centenas de quilômetros de ecossistemas aquáticos foram destruídos, no rio Paraopeba e nos recifes de Abrolhos.

Se nos dedicássemos a ouvir as histórias do oceano, poderíamos participar de sua escrita, escolher seu fim e ter um papel em seu desenrolar. Várias dessas histórias ouvi no mar. Algumas são tristes. Se você der ouvidos ao robalo colhido por uma imensa rede de arrasto junto com todo o seu cardume em pleno inverno, bem na época de acasalamento, e às dezenas de golfinhos em uma massa sem forma no convés... se você der ouvidos a 31% dos estoques mundiais de peixes, superexplorados e em vias de colapso, descobrirá suas histórias tristes, em que burocratas e lobbies sem escrúpulos se apropriam do mar e o exaurem até a última gota... Mas muitas histórias são bonitas e felizes. Como a dos badejos pescados à linha, nos pequenos portos bretões, que pescadores apaixonados arrancam dos rochedos selvagens e das grandes ondas, seguindo o voo das gaivotas, cheios de respeito por esse elemento que traz seu sustento. Como a do escamudo-do-alasca, congelado em cubos, industrial, dentro de uma caixa de papelão com um selo indicativo de que, nos mares gelados de onde vem, cientistas e pescadores trabalharam juntos para desenvolver uma exploração respeitosa. Enquanto a humanidade alimenta uma máquina insaciável cuja corrida maluca ela não consegue controlar, homens e mulheres buscam meios de manter a vida e restaurar o mar. Eles fazem isso inventando ideias de futuro ou resgatando sábios princípios do passado.

* * *

Na sopa de peixe, várias histórias se misturam, para quem prestar bem atenção. Cada porto do Mediterrâneo se diz detentor da verdadeira receita: mais açafrão, menos vinho branco, mais anis, menos tempo de cozimento, mais alho-poró... Não revelarei aqui a minha própria receita, para não nos perdermos numa longa discussão, e porque segredos de cozinha não devem ser compartilhados. Mas, para ser boa — todas as receitas concordam neste ponto —, a sopa de peixe precisa conter uma grande variedade de espécies de peixes de fundos rochosos. É preciso colocar a judia, fina e iodada, o bodião de gosto delicado, o bodião-reticulado de sabores herbáceos, o peixe-escorpião de aromas fortes. No mínimo sete espécies, dizia Auguste Escoffier, "o rei dos cozinheiros e cozinheiro dos reis", inventor do crepe Suzette e do pêssego Melba. Mas diversos cozinheiros colocam muito mais espécies na sopa, para valorizar as que não vendem. Essa diversidade reflete um dos princípios da pesca artesanal no Mediterrâneo, que soube manter por mais de cinco séculos uma gestão comunitária e ecológica dos recursos, virtuosa e quase utópica.

No século XV, os portos mediterrâneos de pesca desenvolveram suas próprias "jurisdições", organizações em que pescadores eleitos juízes por seus pares são encarregados de regulamentar a pesca costeira. Antes mesmo de os homens descobrirem que a Terra gira, eles compreenderam que o mar é de todos e que a partilha equitativa de seus frutos deve se basear na solidariedade, na limitação dos equipamentos de pesca e na diversificação dos ofícios pesqueiros. Seus princípios fundadores eram simples: todos deveriam poder comer o suficiente, sem retirar do mar mais do que ele podia dar. Especialistas locais, cujo bom senso era reconhecido por todos, impunham regras de partilha dos frutos do mar, em vez da concorrência predatória. Todo equipamento demasiadamente destrutivo era proibido. E as técnicas de pesca e os animais apanhados deviam ser diversificados, para que os esforços não se concentrassem numa única espécie e, portanto, não perturbassem o ecossistema ou privilegiassem algumas funções mais que outras. A sopa de peixe continha, portanto, um pouco de cada espécie, e isso lhe conferia seu gosto tão rico, além de ser uma garantia da preservação dos estoques. Organizações desse tipo ainda existem, mesmo que as instâncias nacionais e supranacionais tenham optado por eliminá-las, subvencionando a pesca industrial, que não segue suas regras. As jurisdições de pesca perpetuam essa atividade artesanal, seguem princípios de outros tempos. Elas sobreviveram a todas as pressões econômicas e burocráticas que tentaram bani-las. Elas aguentaram firme contra ventos e marés graças a seu amor pelo mar e por suas tradições. Ainda podemos ver os "pointus" coloridos, seus barcos, em todos os portos mediterrâneos, vestígios vivos de uma época em que todos poderiam se inspirar. Pois essa lembrança de uma harmonia passada também é uma esperança, um grão esquecido, cujos princípios talvez um dia voltem a florescer.

* * *

Tive a sorte de poder testemunhar várias vezes a vida e os segredos das criaturas do mar. Quando suas histórias nos são diretamente contadas pelo espetáculo das profundezas marinhas, sentimos uma felicidade imensa ao ouvi-las. Mas quando elas vêm de um produto comercial, de um prato cozinhado, longe do mar, escutá-las também pode ser um prazer. Interessar-se pela origem do produto, pelo ser vivo cujos pedaços vemos numa bandeja, imaginar de onde ele vem e como é sua vida aquática já é recriar o laço rompido com a natureza. Já é encontrar um indicativo de nosso lugar na cadeia alimentar, compreender o papel que desempenhamos nela. E isso, obviamente, envolve respeito.

Existe um prazer natural em recuperar o próprio lugar no ecossistema. Colher ouriços-do-mar ou moluscos desperta instintos primordiais, que o cérebro nos incita a seguir. É como a singela alegria da criança que procura ovos de Páscoa. Do adolescente que caça Pokémon. Mas devolvemos essa alegria ao quadro original inventado pelo cérebro de nossos ancestrais: a cadeia alimentar. Nosso instinto naturalmente nos leva a limitar a extração, a preservar os recursos, a guardar o segredo dos lugares de pesca, para poder voltar a eles e aproveitá-los indefinidamente. Ao contrário da loja, que nos leva a comprar mais, a natureza nos incita à contenção. A consciência do lugar que ocupamos no ecossistema, do papel que nele desempenhamos, nos leva a preservá-lo.

Tive dificuldade de encontrar essas raízes: é difícil perfurar o asfalto das grandes cidades. Onde entrever o laço que nos une às outras espécies, encerrados que estamos entre ruas e muros, se não nas histórias mais ou menos distantes que chegam até nós? Eu queria aprender e contar as histórias do oceano para compartilhar o amor por elas, mas a cidade, universo alienante, me afastava constantemente. Na cidade, ninguém vê a terra, a não ser quando há obras públicas; ninguém vê o céu, pouco aparente entre os prédios. Ninguém caminha; todos se deixam aspirar pelo fluxo dos meios de transporte, e conversamos com as pessoas à distância, por meio de ondas.

Perdemos até nosso lugar no espaço... o único senso que nos resta é o do tempo... mas o tempo frequentemente se faz sentir apenas na forma de estresse.

* * *

Criança, sonhei muitas vezes com a viagem da água. Eu a via sumir pelo ralo e imaginava o percurso daquelas gotas por um tobogã de canos, num caminho até o oceano. A água parecia fugir pelo ralo.

Pensei que, deixando um barbante descer por ele, talvez conseguisse levá-lo até o oceano, ou quem sabe até um rio. E me imaginei, como um esquimó cavando um buraco no gelo, puxando para casa tesouros e peixes distantes — finos o suficiente para passar pela tubulação. Essa pesca miraculosa deve ter custado a meus pais alguns rolos de barbante.

Levei anos para descobrir a maneira de reencontrar meu lugar na natureza, em plena cidade. Para encontrar a maneira de ouvir as histórias dos peixes, apesar dos barulhos da rua. Eu estava longe de imaginar a que ponto, na verdade, a natureza estava perto de mim. Não suspeitava das surpreendentes descobertas que faria a poucos metros de meu apartamento, e as espécies incríveis que encontraria sob as calçadas de concreto.

Enguia subterrânea

Onde abrimos as portas da Paris subaquática.

Onde os parisienses mais típicos são os que vivem sob o Sena e têm mais escamas que documentos.

Onde uma enguia quer tanto voltar para o Caribe que se torna imortal.

"Passe o cartão de crédito."

Com os dedos duros de frio, tirei da carteira o plástico duro. Uma mão enluvada o pegou na penumbra. Empurrões e barulhos na porta. "Está realmente enferrujada..." De repente, a fechadura cedeu. Ranger de dobradiças. Uma mão me devolveu o cartão. "Ao menos uma utilidade para isso, aqui embaixo... Vamos, pessoal, está aberta."

Um depois do outro, entramos na escuridão do túnel.

Éramos como três fantasmas, cercados pelo vapor de nossa respiração, na noite subterrânea. Fechada a porta, acendemos as lanternas. Um feixe mortiço rasgou a escuridão, desenhando um círculo de luz na água do canal. A água estava incrivelmente clara e calma. Sem as chamas prateadas dos reflexos que dançavam no teto, nem saberíamos que havia água ali.

Nossas lanternas vagavam pelo fundo do canal como pincéis, criando janelas de luz, revelando-nos segredos fugazes. Era uma paisagem surpreendente: vales de areia clara cheios de conchas e garrafas de cerveja, amplos campos de folhagens aquáticas, montanhas de patinetes elétricos naufragados. À medida que avançávamos sob as abóbadas do túnel, nossos olhos se agarravam ao feixe das lanternas, seguiam seu ritmo para varrer a água; a luz se tornava um segundo olhar.

De repente, vários pares de pontos luminosos brilharam na escuridão, como refletores.

"Olhem, eles estão ali." Uma a uma, as lanternas se apagaram.

Acima de nós, o rumor dos engarrafamentos planava como uma lembrança. O metrô às vezes zumbia, mas apenas como um eco, transformado em lamento melodioso pelas paredes do túnel.

Alguns metros acima, na superfície, havia a agitação das ruas, o asfalto que escondia o solo, os prédios altos que cortavam o céu em finas lamelas. Havia a cidade, Paris. A cidade onde tantas vezes me senti desenraizado, desnaturalizado. A cidade que por tanto tempo me pareceu artificial, que rasgava com seu macadame o laço vital com a terra, a vida, os elementos. A cidade que eu agora amava. Pois havia descoberto seu tesouro escondido.

* * *

Existem dois tipos de parisienses: os que vivem embaixo d'água, e os outros.

Eu pertencia à categoria dos outros, mas um dia conheci os que vivem embaixo d'água.

Pude fazê-lo por intermédio de uma estranhíssima confraria: a gangue dos *street-fishers* de Paname.*

Eles são pessoas como você e eu, de todas as idades e origens, que, assim que têm algumas horas livres, desaparecem nas profundezas do ventre de Paris, para explorar seu mundo paralelo e secreto, armados de uma lanterna frontal e de uma vara de pescar.

---

* "Paname" é uma designação afetiva para a região parisiense. [N.T.]

A vara de pescar é um pretexto para observar de perto os estranhos habitantes desse universo, retirados do mundo aquático em que vivem apenas para serem delicadamente devolvidos a ele. Ai daquele que prejudica os ecossistemas submersos de Paname... os membros da gangue têm contatos por toda parte e cuidam dos habitantes das águas como membros de suas famílias. Eles são onipresentes, durante o dia ou a noite. Agora mesmo, embaixo das ruas, ao longo dos cais, nos bosques e jardins...

Logo comecei a participar das expedições secretas da gangue dos *street-fishers* e, depois que conheci os habitantes subaquáticos, não vejo mais Paris da mesma maneira.

Como os parisienses terrestres, os parisienses aquáticos são acima de tudo parisienses. Com as mesmas personalidades, típicas da capital.

Os parisienses aquáticos são elegantes e esnobes, principalmente nos bairros nobres. Nos cais perto do Louvre e de Notre-Dame vivem as percas, parisienses típicas. Elas combinam seus vestidos listrados com a cor da água do Sena e se ornam de nadadeiras vermelhas quando chega a primavera. À espreita de toda e qualquer moda, elas seguem umas às outras com o canto do olho, e quando uma encontra algo bom — folhagens macias ou alevinos sem glúten —, todo o cardume acorre na mesma hora.

Sob o sol de Paris-Plages,* hipsters também se bronzeiam: os robalinhos. Alongados e prateados, eles sobem o rio na contracorrente, para não parecer *mainstream*. Essa verdadeira burguesia boêmia de água doce muda de dieta a cada dia: uma

---

* Praias artificiais criadas na capital francesa durante o verão, à beira do Sena. [N.T.]

noite só querem saber de formigas-aladas; no dia seguinte se tornam veganos e só comem musgos de algas de barragem...

Sob os barcos-restaurantes há a Paris dos notívagos. O siluro só acorda quando a noite cai, para se banquetear com os restos atirados das escotilhas das cozinhas. Esse peixe-gato serpentiforme e viscoso tem tanto apetite que logo ultrapassa os dois metros de comprimento. Como todo parisiense autêntico, ele se diz natural de outra região. No caso dele, o leste: seus ancestrais nadavam na Alemanha da era glacial. Na época, deve ter tomado gosto pelas salsichas de Estrasburgo; em todo caso, é um prato que ele adora. Quase cego, devora tudo o que consegue localizar, tateando com o auxílio de seus longos bigodes. Ele é o terror das águas parisienses, impedindo patos e ratões-do-banhado de dormir.

Mas sob os ares de glutão predador, ele esconde um senso de família. Caminhando pelas raízes submersas dos salgueiros-chorões das margens do Sena, no mês de junho, podemos ver um curioso espetáculo. Assustadores casais de siluros, escuros e cheios de cicatrizes, de aparência pré-histórica, se alternam diante de um delicado berço de algas e raízes, para assoprar suavemente sobre seus ovos, a fim de oxigená-los, como o burro e o boi sobre o menino Jesus. O siluro macho cuida da ninhada por uma dezena de dias, até que os alevinos possam nadar sozinhos.

Durante a cheia, os peixes parisienses também conhecem a alta dos preços dos aluguéis da capital: eles se amontoam nas raras zonas protegidas da correnteza, sob a Pont de la Concorde, ou em alguns meandros do subúrbio. O rio fica pior que os trens urbanos na hora de pico: os cardumes de bremas e alburnetes se aglutinam na água turva e bege, colados às luciopercas e aos lúcios.

Sob as águas do Sena e do canal Saint-Martin também vivem lagostins que caminham para trás e grandes mexilhões nacarados de água doce onde o *bitterling*, uma pequena carpa, põe seus ovos. Peixinhos-dourados abandonados recuperam a saúde longe de seus aquários e podem chegar a um quilo. Mais de trinta espécies de peixes e centenas de invertebrados povoam esse mundo invisível e ignorado. A cada ano, novas espécies recolonizam essas águas cada vez menos poluídas.

Alguns habitantes são ainda mais discretos. É sempre noite sob as ruas de Paris. É na penumbra dos canais subterrâneos que se abriga a tribo underground dos predadores da noite.

* * *

Pares de olhos luminescentes brilharam sob os feixes de nossas lanternas. Aproximamo-nos devagar.

As primeiras formas que surgiram na penumbra ondulavam silenciosas, como saídas de um sonho. Alarme falso, não era o que procurávamos. Enguias nadavam lentamente sob nossas lanternas, com seu ar de serpente de pele cambiante. Quem já viu uma enguia logo percebeu que elas não são peixes triviais, e que escondem mistérios sob sua aparência tão híbrida e estranha.

As enguias de Paris, como todas as enguias da Europa, nasceram no Caribe. Ninguém sabe ao certo seu local de nascimento, mas acredita-se que seja no mar de Sargaços, a noroeste das Antilhas, e em profundezas abissais. Os leptocéfalos, as larvas das enguias, medem poucos milímetros e lembram uma folha de salgueiro, tão transparentes que a olho nu só enxergamos o plâncton que elas deslocam ao ondular. Eles têm dentes de dragão, imensos para seu tamanho. Nadam por vários meses sem descanso na Corrente do Golfo, para chegar às costas europeias, a 5 mil quilômetros de distância. No caminho, os leptocéfalos aos poucos se metamorfoseiam e começam a parecer serpentes, chegando à foz dos rios e subindo-os na forma de alevinos, já como enguias em miniatura. Passar da água salgada para a doce é um choque osmótico fatal para a maioria dos peixes, mas constitui um dos menores feitos da enguia. Depois que ela decide subir um curso de água para encontrar um calmo braço de rio onde viver, nada a detém. Quando o rio está bloqueado, ela se arrasta pelos campos, por vários dias se preciso. Se não encontra água corrente, desliza para qualquer cano, fonte ou nascente, e viaja pelos lençóis freáticos subterrâneos até chegar a um rio.

Em seu rio, a enguia ganha força e cresce, até o dia em que o chamado do mar se faz sentir. Quando isso acontece, ela veste sua roupa prateada e desce até o estuário, viajando até as profundezas do mar de Sargaços onde nasceu, para amar e morrer, desaparecendo ao dar a vida em meio a um grande mistério. Apesar de mais de um século de pesquisas, ninguém nunca conseguiu seguir as enguias até o fim da viagem, nem encontrar o lugar exato em que, depois de seis meses de nado contínuo e em jejum, elas dão à luz a nova geração.

Por que as enguias teimam em fazer uma viagem tão longa para pôr seus ovos? É uma longa e antiga história, mais antiga que o próprio oceano... Há milhões de anos, as enguias punham seus ovos perto de nossas costas. O Atlântico era um jovem e pequeno mar, Europa e Américas estavam muito próximas. Aos poucos, porém, a deriva dos continentes afastou a Europa do continente americano, à velocidade de alguns centímetros por ano. As enguias não se deram conta desse afastamento e continuaram pondo seus ovos no lugar em que a temperatura e o fundo do mar eram adequados. Fiéis às águas de seu nascimento, elas se adaptaram para fazer grandes viagens a fim de reencontrar essas águas quando estas se afastaram delas, chegando aos milhares de quilômetros de hoje. Enguias são peixes muito tenazes.

Enguia europeia

Se por algum revés um obstáculo insuperável impede a enguia de chegar ao oceano quando seu destino a chama, ela se dispõe a esperar por toda a eternidade, se necessário. Bloqueada em água doce, tira a roupa prateada de viajante, volta à roupa dourada e espera o tempo que for preciso para o desaparecimento do obstáculo, como se fosse imortal. Ela não parece disposta a morrer enquanto não lhe permitirem cumprir seu destino.

Na aldeia sueca de Brantevik, em 1859, ano em que Victor Hugo escrevia *Les Contemplations*, Samuel Nilsson tinha oito anos quando atirou uma enguia no poço da casa de seus avós. Na época, atirar uma enguia num poço não era considerado uma grande travessura para uma criança de oito anos; pelo contrário, a enguia podia ser uma boa maneira de limpar o poço dos insetos e dos vermes capazes de sujá-lo. Os avós de Samuel, portanto, não o repreenderam e deixaram a enguia no poço. A brincadeira foi esquecida, mas Samuel não sabia que seus próprios tataranetos ainda ouviriam falar dela. Ele chamou a enguia de Åle, nome pouco original, que significa "enguia" em sueco.

Como o poço não tinha saída, a enguia não podia chegar ao mar e resignou-se a esperar. Meses e anos se passaram. Samuel Nilsson cresceu e saiu de casa, e Victor Hugo escreveu *Os miseráveis*. Pouco a pouco, os olhos de Åle se adaptaram à escuridão. Décadas se passaram. A casa mudou de proprietários, as gerações se sucederam. Victor Hugo entrou para o Panthéon, a humanidade inventou o carro e depois o avião, houve duas guerras mundiais, catástrofes nucleares e Neil Armstrong pisou na Lua. A enguia, por sua vez, continuou no poço, à espera. Celebramos descobertas e revoluções. Åle continuava no poço e às vezes aparecia na sessão de "curiosidades" do jornal de Brantevik. Um dia, chegaram a lhe oferecer uma amiga enguia, para mitigar seu tédio. No Japão, degustar larvas de enguias importadas do mundo inteiro se tornou um grande luxo; a espécie, outrora abundante, e mesmo nociva, declinou em toda a Europa e entrou em perigo crítico de extinção. Noventa por cento da população de enguias desapareceu. Mas Åle não sabia disso; ela havia decidido viver até encontrar uma saída daquele poço, para chegar ao mar de Sargaços. O tempo não a afetava.

A história teve um fim trágico durante a festa do lagostim, no verão de 2014: com a tampa do poço mal vedada, a água esquentou e Åle foi encontrada cozida. Tinha 155 anos. Sua congênere de 110 anos, que ainda não recebeu um nome, sobreviveu e espera até hoje no poço. A enguia esperou por mais de um século; tomou gosto pela eternidade ou sobreviveu na esperança de um dia cumprir seu destino? Se fosse solta em águas livres, como se sentiria? Livre num mundo novo, ao lado das últimas sobreviventes de sua espécie. Seria com alegria inesperada que deixaria a eternidade do poço e se lançaria na viagem sem retorno rumo ao mar de Sargaços?

* * *

Naquela noite, não estávamos na escuridão do canal para observar enguias.

Nossas lanternas voltaram a procurar, varrendo os cascalhos do fundo. Sob as margens de pedra talhada se agarravam centenas de corbículas, pequenos moluscos que conferiam às pedras uma textura de reboco. Acerinas, peixes espinhosos quase translúcidos, saltitavam. Víamos suas retinas brilharem como faíscas quando a luz da lanterna as tocava. Opacas pardelhas-dos-alpes dormiam, tremulando entre duas águas. Às vezes, surpreendíamos uma carpa cor de bronze fugindo num movimento indolente e plácido. Nossos olhos só enxergavam o círculo de luz das lanternas, onde as sombras dos peixes se desenhavam como vultos de atores sob as luzes de um palco. Avançávamos como sonâmbulos no frio e ecoante subterrâneo. Os morcegos farfalhavam no teto fazendo sons de apontador de lápis. Uma garça alçou voo num pé só no cais à frente e desapareceu como um fantasma.

"Ali, cuidado!" Duas retinas peroladas brilharam na escuridão, redondas e largas, e pensei distinguir ao seu redor uma forma amarronzada e bicuda. Os olhos luminosos se afastaram lentamente.

Era uma lucioperca, predadora da noite. Aquela que procurávamos. Entre o lúcio e a perca, uma carnívora extremamente desconfiada e de dentes pontudos, esquiva. Era preciso uma lenta aproximação para não assustá-la, e apenas roçar sua sombra com o feixe de luz, à medida que ela avançava nas trevas aquáticas.

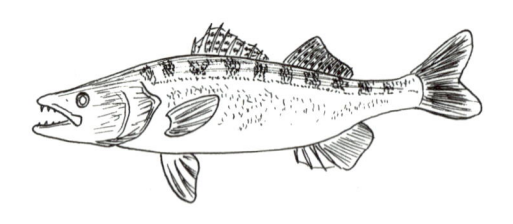

Lucioperca

Perseguir aquela forma fugidia e quimérica naquele universo subterrâneo me encheu de uma sensação estranha e ao mesmo tempo intensa demais para não ser familiar. Eu sentia a plenitude primitiva, animal, de estar por inteiro à espreita, com os olhos, os batimentos cardíacos e os pensamentos absortos na observação da natureza, unos com a água e a vida. Eu procurava indícios da presença do peixe, tentava antecipar seus movimentos e não era mais que um predador em busca de sua presa. Voltei a pensar no barbante que eu desenrolava no ralo da pia quando criança, esperando encontrar águas livres e trazer um peixe até mim. Eu tinha razão de sonhar: a vida selvagem não estava tão longe. Ela se escondia, mas estava à minha espera. Num túnel, dez metros abaixo do asfalto de Paris, explorando um canal subterrâneo, reconectei-me àquele barbante, reencontrei meu lugar original na corrente da vida.

Moldados pela evolução para sobreviver na natureza, estamos programados para nos sentirmos felizes ao perseguir uma presa, e também ao escapar de predadores. Nessas situações, o corpo estriado do cérebro humano recompensava nossos ancestrais com dopamina, verdadeira droga da felicidade, ao menor sinal que eles detectavam na natureza. Isso os incitava a sobreviver, buscando a felicidade no que lhes proporcionava comida, ou ao evitar tornar-se comida. Os prazeres ancestrais eram: ouvir um canto de pássaro, descobrir frutas comestíveis, localizar as pegadas de uma presa... ou perceber os sinais da aproximação de um predador. Nosso corpo estriado ainda funciona, mas é em vão que busca os equivalentes dessas alegrias primitivas em nossa vida moderna que o desnorteia.

* * *

"Vinte e dois, patrulha fluvial se aproximando!"

Recebi uma injeção de dopamina quando dois projetores, os latidos de um cão policial e sons de botas ecoaram no fundo do túnel? Em todo caso, na mesma hora me senti transportado a meu lugar na cadeia alimentar. Predadores para o peixe, acabávamos de nos tornar presas para a polícia.

Encantados com a Paris aquática, tínhamos esquecido da placa "Acesso Proibido" colocada pelos parisienses terrestres à entrada do túnel. A grade arrombada já estava longe. Mas o instinto da presa é rápido para compreender essas situações, e, antes mesmo de pensar, a adrenalina se juntara à dopamina e estávamos correndo na direção da saída.

A debandada não foi gloriosa, mas nossos perseguidores não podiam fazer nada contra a velocidade de um instinto animal primitivo. Eles foram deixados para trás sem sequer perceber que estávamos ali, naquele lugar de acesso estritamente proibido, exclusivo dos peixes.

De volta ao ar livre, caminhando sob o brilho amarelo dos postes de luz, nossa desventura já se transformava em lenda urbana. "O cachorro não parecia muito feliz, e ainda estava sem focinheira! Foi uma sorte não termos tropeçado nos cabos." "Você acha que podemos ser multados, se nos pegarem?" "Não sei, e prefiro não perguntar!" "Como cansa correr no escuro..." "A lucioperca devia ter quase dez quilos, nunca vi nada igual." "E as enguias, você viu aquelas enguias?! Algumas eram da grossura de uma perna." "Se eles não tivessem nos encontrado, poderíamos ter pegado a lucioperca. Teríamos tirado uma bela foto."

Começávamos a romancear a aventura. O túnel se tornava mais escuro, a lucioperca, maior, os policiais, mais assustadores. Os peixes escondidos no canal começavam a contar suas histórias por intermédio de nossas ofegantes exclamações.

Não capturamos a lucioperca, mas capturamos uma história.

Serpentes marinhas

*Onde as espécies que não existem
merecem que lutemos para protegê-las.
Onde descobrimos a memorável
história da rêmora romana.
Onde a serpente marinha existe,
e prevê terremotos.*

Como era o fundo do mar há 10 mil anos, antes do primeiríssimo mergulhador vislumbrá-lo? É fácil imaginar a Terra antes da civilização, coberta de florestas densas e de estepes selvagens, sem cidades, sem estradas, sem fios de luz e sem culturas.

Mas e o mar, como era o mar?

O mar sem dúvida era muito mais povoado. Em qualquer prainha mediterrânea pululavam focas-monge, tão numerosas nas ilhas turcas que deram seu nome ao povo foceu, cujos viajantes fundaram, na costa da futura Provença, a cidade fócia.*

Restam apenas quinhentas focas-monge nos dias de hoje, escondidas e reclusas em grutas isoladas.

No estreito de Bering, grandes rebanhos de vacas-marinhas pastavam nos campos de algas há trezentos anos. Esses animais, também chamados de dugongos-de-steller, chegavam a oito metros de comprimento. O último foi caçado há duzentos anos. No momento em que escrevo estas linhas, contam-se não mais que dez vaquitas, o menor cetáceo do mundo, minúsculo marsuíno preto e branco da Califórnia. Na escala mundial, as populações de grandes peixes caíram em dois terços ao longo dos últimos duzentos anos.

---

* Cidade fócia: a cidade de Marselha, fundada por gregos originários da Fócida. [N. T.]

Isso é alarmante. Temos todos os motivos para nos preocupar com o desaparecimento das espécies de hoje. Mas quem se preocupa com o desaparecimento de criaturas que não existem? Porque elas também estão ameaçadas!

Que fim levaram as serpentes marinhas, que, segundo os marinheiros de outras épocas, abundavam a ponto de causar naufrágios? Quem de nós, ao longo dos dois últimos séculos, ouviu falar em sereias? E em tritões, krakens...? Embora nunca tenham existido, esses animais também estão em vias de extinção?

* * *

Eu teria adorado conhecer os mares da Pré-História, pois além de serem povoados por inúmeros peixes, eles também eram cheios de histórias. Foi na Pré-História, embora seu nome não o diga, que as histórias nasceram. Sem nada para escrever, sem nada para registrar, as histórias viviam na imaginação daqueles que as ouviam e, ao serem transmitidas, eram transformadas. Elas eram livres e efêmeras, como as palavras.

Para explicar o mundo, e melhor imaginá-lo, os homens acreditavam em todas as lendas; o menor corpo de água era repleto de mitos e imaginação. O mar dos homens da Pré-História fervilhava de criaturas improváveis, entidades sobrenaturais, animais fantasmagóricos. Era um oceano primordial povoado de seres imaginários.

Um dia, porém, por volta de 3400 antes de nossa era, o homem inventou a escrita. Os sábios apareceram e decidiram registrar o que sabiam das criaturas do mar, numa vontade de compreendê-las. Devemos a eles testemunhos inestimáveis sobre as criaturas de outrora, mas também o desaparecimento de várias dessas criaturas, que foram julgadas fantasiosas demais. Eles decretaram que elas não existiam.

Plínio, o Velho, sábio da Roma Antiga e alto funcionário na Gália Narbonense, atual Occitânia, tinha o projeto de reunir todos os conhecimentos de sua época numa *História natural*, redigida no ano 77. O tomo IX é dedicado ao mar e apresenta um panorama delicioso das criaturas marinhas que povoavam as águas na época dos romanos: segundo o naturalista, existiam exatamente 74 espécies de peixes e trinta de crustáceos — e ele parecia muito seguro de si a respeito desses números!

Para escrever essa obra, Plínio afirmou ter lido mais de 2 mil livros, escritos por mais de quinhentos autores, aos quais ele acrescentou suas observações pessoais — seus horários de alto funcionário na Gália o deixavam com muito tempo livre, ao que parece. Ele compilou os testemunhos que julgava sérios e relegou os outros ao esquecimento. Algumas passagens de sua obra foram confirmadas pela ciência moderna: ele já havia entendido, por exemplo, há cerca de 2 mil anos, que o serrano, ou perca do Mediterrâneo, é um peixe hermafrodita síncrono, ou seja, macho e fêmea ao mesmo tempo. E que a raia-elétrica é ovovivípara e põe ovos que eclodem dentro do útero. Ele também havia observado que as focas tinham um sono profundo. Hoje, sabemos que esses animais são capazes, como os humanos, de ter sono REM e sonhar. Plínio, sem conhecer a neurologia, acreditava que a nadadeira esquerda das focas, colocada sob a cabeça, tinha virtudes soporíficas.

Plínio também escreveu coisas fantasiosas, que refletem as crenças e a ciência da época... Ele acrescentou seu próprio tempero às descrições do comportamento da rêmora, peixe dotado de uma ventosa na cabeça, que se cola a animais maiores para se beneficiar de transporte gratuito e de restos das refeições destes. Segundo Plínio, esse peixe pequeno e pegajoso era dotado do poder de diminuir a velocidade dos navios aos quais se fixava, chegando a pará-los completamente. Para todos os marinheiros da época, este era um fato: a palavra "rêmora" inclusive significava "atraso" em latim (nota para os habitantes da região parisiense: apesar das semelhanças e consonâncias, o RER* não tem a mesma etimologia). No dia 2 de setembro de 31 a.C., aconteceu a decisiva Batalha de Áccio, que determinaria quem sucederia a Júlio César e se tornaria o imperador de Roma — Marco Antônio ou Otávio. A frota de Marco Antônio era superior em número: teoricamente, deveria vencer a batalha. No entanto, sob o efeito de uma força misteriosa, as galeras do comandante foram detidas durante o ataque, desacelerando até parar. O incidente deu a Otávio uma vantagem estratégica, que o levou à vitória.

Para Plínio, a rêmora obviamente causara aquela inesperada reviravolta.

Alguns peixes descritos por Plínio já eram semelhantes aos que conhecemos hoje, como o atum-rabilho, para o qual ele estimava um peso máximo de quatrocentos quilos (o recorde atual é de 423 quilos).

Mas no mar de Plínio também nadavam baleias de dez léguas de comprimento, tão grandes que não podiam se mover sem provocar tempestades, e tartarugas marinhas das Índias, cuja carapaça podia ser usada como telhado de uma casa. Plínio dizia saber de fonte segura que os tritões, homens anfíbios, sopravam conchas a plenos pulmões em suas grutas. Eles não são vistos há muito tempo.

À medida que os estudiosos enchiam as páginas dos bestiários, novos seres eram descobertos e outros, apagados. Mas quanto mais o conhecimento avançava, mais as bestas lendárias se retraíam e se ajuizavam.

---

* RER: linha de trens urbanos que circulam entre Paris e os subúrbios. [N.T.]

Os bestiários da Idade Média ainda eram repletos de monstros marinhos, mas suas baleias não mais se estendiam a perder de vista. Em contrapartida, alguns marinheiros as confundiam com ilhas, onde atracavam seus barcos, pensando ter chegado em terra firme. Eles sempre acabavam acendendo fogueiras, o que provocava a ira do animal, que arrastava a tripulação inteira até as profundezas.

Na época, não havia como compartilhar imagens. Ninguém sabia ou podia desenhar ao vivo; era preciso pena e tinteiro, portanto uma mesa. Os esboços e as descrições eram deformados pela memória e pelos relatos, e os mares, portanto, ainda eram povoados de seres idealizados pela imaginação.

Mas o conhecimento ganhava terreno e, com ele, o rigor. Perdia-se a ingenuidade de acreditar, era preciso demonstrar. Os tritões desapareceram, por falta de provas de sua existência. As baleias seguiram envoltas em superstições, mas ninguém mais acreditou que os cetáceos um dia foram confundidos com ilhas.

* * *

As ciências se formalizaram e, no século XVIII, surgiu a taxonomia. Para que uma espécie fosse reconhecida, era preciso lhe atribuir um nome científico em latim e em grego, e apresentar espécimes como prova. O sueco Carlos Lineu foi um dos primeiros a catalogar milhares de espécies, seguindo um protocolo formal. Sua vocação de pioneiro da nomenclatura estava ironicamente predestinada, pois o próprio Lineu mudou nove vezes de nome ao longo da vida, para por fim adotar o nome de outra espécie: a tília que crescia na fazenda de sua família — Linnaeus, em sueco latinizado. Em 1758, Lineu havia classificado em seu *Systema naturae* 4400 espécies animais e 7700 espécies vegetais, atribuindo a cada ser vivo um nome científico. Ele registrava cada espécie numa ficha e lhe atribuía um lugar na árvore filogenética. E se as provas de sua existência fossem escassas demais, ele a riscava da árvore. Os monstros marinhos desapareceram em massa. Houve um verdadeiro massacre de seres imaginários. Todas as criaturas que não conseguiam provar sua existência não tiveram nem direito a nome. A vida lhes foi recusada.

Terá Lineu sentido remorso diante do desmedido pragmatismo de seu empreendimento? A nobreza científica de seu projeto, acima de tudo, sem dúvida o cegou. No entanto, na hora de nomear a imensa baleia-azul, o maior animal de todos os tempos, criatura que havia incitado tantos mitos e exageros, o austero cientista sueco não pôde deixar de dar à própria fantasia a palavra final, e de fazer um gracejo. Ele a chamou de *Balaenoptera musculus*, o que, em latim, significa "baleia camundongo".

Quanto à rêmora, Lineu decidiu inocentá-la de seu envolvimento na Batalha de Áccio. Ele não sabia o que havia interrompido o avanço das galeras de Marco Antônio. Mas tinha certeza de que um simples peixe de quarenta centímetros não poderia frear uma embarcação. Ele lhe retirou o poder mágico. Magnânimo, deixou-o em seu nome, como lembrança: *Echeneis naucrates*, que significa "o que segura navios".

Foi preciso esperar o ano de 2018 para que uma equipe de físicos, por meio de cálculos e simulações avançadas, resolvesse o mistério da rêmora e descobrisse a real causa da derrota de Marco Antônio. Uma mudança súbita na profundidade das águas, perto da costa, havia provocado um fenômeno hidrodinâmico raro: uma onda solitária, que se opôs ao avanço da frota e a deteve.

As grandes campanhas oceanográficas do século XIX concluíram o desaparecimento dos monstros marinhos, que nunca existiram, mas povoaram os mares na imaginação dos marinheiros por séculos a fio. Os desenhos se tornaram mais precisos e realistas, depois deram lugar às fotografias.

Hoje, as expedições científicas que exploram o fundo dos mares registram as sequências de DNA de seres vivos sem nem mesmo vê-los. Elas capturam amostras de plâncton em redes especiais e procedem a um "sequenciamento massivo" que lhes dá acesso a todo o patrimônio genético dos seres capturados. Peixes foram avistados e descritos até na Fossa das Marianas, o ponto mais profundo dos oceanos, a 10 900 metros de profundidade. As lulas-gigantes que afundavam barcos, em sonhos e gravuras, foram filmadas e medidas. Podemos ver baleias em nossas telas com um clique, de nossos sofás, e podemos de fato ver que elas não se parecem com ilhas.

Ainda conseguimos sonhar, depois que os monstros foram expulsos do imaginário e as profundezas do mar se revelam a nós em vídeos em cores e de alta definição? Como imaginar histórias?

No entanto, temos uma profunda necessidade de acreditar, de sonhar.

* * *

Numa praia da Nova Zelândia, eu me banhava como um perfeito turista, entre dois passeios em alto-mar em busca de seriolas de rabo amarelo, quando vi duas barbatanas azuladas oscilando na superfície no meio da zona de banho. Arrisquei aproximar-me, pensando reconhecer uma raia; percebi então que era um tubarão-azul, espécie que reconheci porque ela também habita o Mediterrâneo.

Esses animais, de cor magnífica e muito pacíficos, costumam viver em alto-mar, mas aquele, visivelmente desnorteado pela baixa profundidade, acabou chegando à praia. Para guardar uma lembrança do encontro, filmei a cena e acompanhei o tubarão até alto-mar, para onde ele partiu nadando em águas azuis. Para compartilhar o vídeo com alguns amigos, publiquei-o na internet.

Qual não foi minha surpresa, alguns meses depois, quando descobri um artigo do *Daily Mail* australiano com a seguinte legenda abaixo de um *frame* de meu vídeo: "Um neozelandês destemido pega um tubarão comedor de homens com as mãos". Diante do entusiasmo suscitado pelo vídeo, um jornalista havia ignorado minhas explicações precisas em francês e havia inventado uma história rocambolesca sobre aquele gentil tubarão transformado em criatura sanguinária. O artigo era seguido por comentários dos internautas, é claro, que lançavam discussões fascinantes. Um exclamou que "o sujeito é um criminoso, deixou fugir um tubarão que pode voltar e devorar crianças!", outro respondeu que "os tubarões estão em vias de desaparecer, as crianças não, então é o contrário, o sujeito é um herói".

O tubarão-azul é uma espécie que se alimenta de presas pequenas, como as anchovas, e nunca ataca o homem. Portanto, entrei em contato com o jornalista, contei a verdade e pedi que a restabelecesse. Ele só corrigiu a expressão "um tubarão comedor de homens", substituindo-a por "um tubarão potencialmente comedor de homens". Respondi que ele também era um jornalista "potencialmente" bom (que potencialmente entendeu a ironia). Ele estava apegado a seu medo de tubarão.

Por que o homem moderno sempre tem medo de tubarões, se as estatísticas provam que torradeiras fazem, por ano, dez vezes mais vítimas que todos os tubarões juntos? Deve ser a necessidade ancestral de estar diante de algo que nos ultrapassa, de nos sentirmos insignificantes diante da natureza e de suas forças... sobrenaturais. Hoje não temos predadores, então contemplamos com fascínio a possibilidade de ter um. Esse predador imaginário, essa criatura maior do que nós que poderia nos perseguir, nos faz experimentar o lugar que perdemos na cadeia alimentar e nos ciclos da natureza. Por falta de monstros marinhos, inventamos outros.

* * *

Os monstros foram a tal ponto expulsos de nosso pragmatismo moderno que a natureza parece querer nos provar que seria melhor ainda acreditar neles. A realidade às vezes supera a lenda.

A serpente marinha povoou as lendas do mar por muitos séculos. As ciências acabaram decretando que ela não existia, que não passava de uma invenção da imaginação dos marinheiros. Até o dia em que o mar decidiu apresentar uma serpente marinha à ciência, para provar que ela era real.

Regaleco e serpente marinha

O regaleco é um incrível peixe com forma de serpente, podendo chegar a onze metros de comprimento. Ele é prateado com pintas azuis e tem uma longa crista de dragão vermelha na cabeça. Muito raro de ser observado, ele corresponde à maioria das descrições existentes da serpente marinha e é provável que as tenha inspirado. Mas o que se descobriu sobre sua vida supera em muito as lendas mais inverossímeis. Há pouco se soube que o animal podia nadar para trás, e na vertical. Ele também pratica a autotomia, isto é, pode se dividir em dois para abandonar um pedaço do rabo quando deseja escapar de um predador ou simplesmente para economizar energia tornando-se menor. Supõe-se que em situações de escassez de alimento ele possa comer a si mesmo, como a famosa serpente de um jogo eletrônico. Além disso, o regaleco seria capaz de prever terremotos. Ninguém sabe explicar a perturbadora correlação entre regalecos perto da costa e a iminência de terremotos, observada em todo o mundo. Esses dois acontecimentos raros coincidem com muita frequência. O regaleco parece viver perto das falhas oceânicas e seria misteriosamente sensível a suas atividades.

Nunca vi um regaleco, mas um dia um amigo me disse que um espécime acabara de ser avistado perto de Cannes e me mostrou um vídeo do animal. Estávamos num barco naquele momento e falamos, brincando, do terremoto do qual escaparíamos. Surpreendentemente, naquela noite foi divulgada a notícia de que um pequeno sismo fora sentido na região. O epicentro tinha sido localizado no mar, a poucas milhas das rochas onde o regaleco fora encontrado.

* * *

Segundo as estimativas mais recentes, o mar teria 2,2 milhões de espécies — além de bilhões de espécies de bactérias. O homem catalogou menos de 10%. O número de espécies que conheceremos no futuro é estabelecido pela análise dos grupos de seres hoje conhecidos e da velocidade com que eles foram descobertos ao longo dos anos. Embora não possamos mais acreditar nas lendas de Plínio, podemos ter certeza de que nossos conhecimentos ainda são ínfimos e se revelarão tão inexatos no futuro quanto os conhecimentos do passado se revelam falsos no presente.

Um dia riremos das certezas de nossa época assim como hoje achamos graça das crendices do passado, das certezas de que a Terra era plana e do mar povoado por apenas 74 espécies de peixes.

Hoje, cerca de 91% das espécies marinhas ainda são desconhecidas: mitos a serem descritos, páginas em branco onde sonhar. Na escuridão dos mares, nadam as descobertas do futuro, que só estão à espera de nossos sonhos para existir e nos fazer acreditar em suas lendas.

Estamos livres para acreditar nesses sonhos, ouvir essas histórias e dar-lhes vida. E, por que não, para ressuscitar algumas lendas antigas. Afinal, a serpente marinha realmente existia.

O mar é um espelho

Onde nosso mundo se reflete no mar, que é o reflexo de nosso mundo, que é o reflexo do mar...
Onde os gansos migratórios nascem de crustáceos.
Onde uma água-viva vence dois prêmios Nobel.
Onde o mar se reflete em nosso mundo, que é o reflexo do mar, que é o reflexo de nosso mundo...

Se os mares, no imaginário de outras épocas, fervilhavam de criaturas míticas, era principalmente devido a uma lenda muito antiga e tenaz: a lenda do espelho.

Você já se perguntou por que tantas criaturas marinhas têm nomes de animais terrestres?

Encontramos uma verdadeira arca de Noé sob as águas: peixe-gato, peixe-sapo, peixe-boi, peixe-escorpião, peixe-leão, peixe-papagaio, peixe-porco, peixe-aranha, peixe-zebra, peixe-tigre... lesma-do-mar, leopardo-do-mar, porco-do-mar, ouriço-do-mar, elefante-marinho, leão-marinho, vaca-marinha... Há até a uva-do-mar, o pepino-do-mar, o morango-do-mar... Os objetos mais variados também têm seus equivalentes marinhos: estrela-do-mar, peixe-pedra, peixe-serra, peixe-lua, peixe-trombeta, peixe-cofre, peixe-balão... E também as profissões: foca-monge, peixe-cardeal, peixe-palhaço, peixe-soldado, peixe-cirurgião... e até os seres divinos: anjo-do-mar, diabo-do-mar, peixe-unicórnio...

A origem desses nomes vinha da antiga lenda do espelho: para nossos ancestrais, sob o espelho da superfície o oceano era um mundo paralelo, concebido como um espelho da terra. Tudo o que existia na terra necessariamente devia ter seu equivalente no mar.

Essa teoria ancestral deve ter nascido sozinha, na Pré-História. É muito natural olhar para o mar e ver sua própria imagem refletida. Ver as cores do céu ao contrário, e os peixes nadando como pássaros voando.

Plínio registrou essa crença popular. Ele também observou, nas praias mediterrâneas e nos relatos dos viajantes, ovos de choco parecidos com uvas, a serra do peixe-serra, a espada do espadarte e também o pepino-do-mar. Ele se espantou com essas semelhanças, como se as criaturas marinhas fossem cópias levemente modificadas dos seres terrestres, como o cavalo-marinho, que tinha uma cabeça de cavalo na ponta de "pequenos caracóis". Para explicar suas observações, ele formulou uma hipótese: as sementes e os embriões dos seres, rolados pelas ondas e pelos ventos, intercambiavam-se entre o ar e as águas, o que explicava a estranha hibridação entre os habitantes dos dois mundos.

Com o passar do tempo, suas obras foram recopiadas e as lendas, perenizadas. A crença se difundiu e impregnou as mentes, em toda a Europa.

Na Idade Média, os monges copistas tomaram as reflexões antigas de Plínio ao pé da letra. A lenda do espelho se tornou um conceito cosmológico. Os mais famosos estudiosos medievais, de nomes que parecem saídos da epopeia cavaleiresca, como Godofredo de Viterbo, Tomás de Cantimpré e Gervásio de Tilbury, acreditavam que o mar era um mundo paralelo ao nosso, e que cada criatura terrestre tinha uma contraparte sob as águas. Segundo o cavaleiro Gervásio, o equivalente marinho de uma criatura terrestre lhe era semelhante "da cabeça ao umbigo", mas geralmente acabava com cauda de peixe. E esse mundo tinha seus animais e plantas, mas também, sem dúvida, seus povos civilizados, como os homens na terra.

Assim que uma nova criatura marinha se deixava observar, as grandes mentes tentavam identificar o ser terrestre cujo equivalente aquático acabara de ser visto.

Assim, o espadarte e seu gládio foram assimilados à espada de um cavaleiro marinho, que teria a tartaruga marinha de escudo e os grandes caranguejos como capacete.

Os desenhistas da época não sabiam representar direito os peixes, mas tinham vários modelos de animais terrestres à disposição. Desse modo, sempre pintavam animais muito semelhantes aos da terra, dotados de cauda de peixe; as ilustrações com que eles decoraram os bestiários perpetuaram a lenda desse mundo imaginário subaquático.

* * *

A Igreja pregava a teoria do espelho, que destacava o poder criativo de Deus. É preciso dizer que essa teoria também permitia certas fantasias e algumas adaptações no mínimo originais...

Fixas nas rochas das costas atlânticas e em pedaços de madeira flutuante, às vezes crescem anatifas, crustáceos que lembram um mexilhão de cor clara na forma de bico de pássaro, bem na ponta de um tubo preto e curto. A espécie abundava nas costas europeias do século XII, mas ninguém conseguia encontrar seu equivalente terrestre.

O clero britânico aproveitou a ocasião para apresentar uma resposta tão astuciosa quanto inesperada. Era o fim do inverno, época da Quaresma, e o gosto da carne, proibida por quarenta dias, começava a fazer falta aos sacerdotes e aos burgueses. Nessa estação, galhos flutuantes cheios de anatifas davam às praias do norte da Europa. Enquanto isso, no céu, as bernacas, pequenos gansos pretos e brancos, começavam a migrar para o norte. Elas desapareciam para botar seus ovos num lugar desconhecido: na época, ninguém conhecia o arquipélago de Svalbard, ao norte do círculo polar ártico, onde esses gansos se reproduziam.

O monge galês Giraud de Barri teve então uma ideia. Ele via as bernacas partindo para não se sabia onde, via as anatifas surgindo de não se sabia onde, sofria com a Quaresma, que o privava de uma boa comida gordurosa… e decidiu resolver os três problemas de uma cajadada só. Assim, deliberou que devido ao "pescoço" em tubo e o "bico" de concha, as anatifas só podiam ser "brotos" de gansos, imaturos, e difundiu amplamente sua descoberta. Todos os especialistas admitiram de comum acordo que esses crustáceos, portanto, eram o equivalente marinho das bernacas e, melhor ainda, que eles se transformavam em gansos ao crescer, em alto-mar. Os espécimes que chegavam às praias não estavam maduros e só tinham o bico formado, mas logo teriam plumas e asas, e a bernaca alçaria voo chegando à maturidade. O clero da época decretou que o ganso vinha da anatifa e que, portanto, era um fruto do mar, e os habitantes da Idade Média passaram a ter o direito, em toda a Europa, de comer carne de ganso durante a Quaresma. O crustáceo foi chamado de *anatifer*, depois anatifa, que literalmente significa "carregador de ganso" em latim; os ingleses usam até hoje a palavra *barnacle* para designar tanto a bernaca quanto a anatifa.

Anatifas e bernacas

A crença perdurou: Rabelais a mencionou em *Gargântua* e, até o início do século XIX, as bernacas foram consideradas frutos do mar na Escócia. O monge Giraud nunca imaginaria que a verdadeira história da bernaca, que nada tinha a ver com o crustáceo, não era menos incrível: as aves fazem seus ninhos no topo de altas falésias do polo Norte, onde chegam após uma perigosa migração de 6 mil quilômetros. Elas nunca se perdem. Quando nasce, logo em suas primeiras horas de vida, o gansinho precisa se atirar no vazio do alto de sua falésia para chegar à água e aos musgos da tundra, sem nem mesmo saber voar. Ele costuma cair de uma altura superior a 120 metros, e essa bolinha de penugem quica violentamente nas rochas. Ele costuma ser macio e leve o suficiente para sobreviver a essa terrível provação.

* * *

Na imaginação de nossos ancestrais, o mar foi por muito tempo o espelho do mundo terrestre, mesmo bem depois da Idade Média. O surgimento de espécies desconhecidas despertou muitas dúvidas; seriam elas evidências da existência de uma civilização submarina? O naturalista e médico Guillaume Rondelet descreveu a observação, em 1551, de um "bispo do mar", monstro marinho com roupa de bispo, no mar do Norte. Apresentado como curiosidade na corte do rei da Polônia, o dito bispo manifestou tanta vontade de voltar às águas que a elas foi devolvido imediatamente, não sem antes cumprimentar os homens com um sinal da cruz ao se afastar. Os homens do Renascimento acreditaram estar diante do embaixador de uma civilização subaquática. É provável que tivessem se deparado com uma foca-de-crista, espécie cujos machos possuem um balão vermelho na cabeça e que pode mover as nadadeiras de maneira a lembrar uma mão. A menos que por trás do bispo do mar se escondesse outro animal estranho, cuja pele seca era vendida a gabinetes de curiosidades por vários charlatães, que diziam tratar-se da roupa do clero submarino. O animal era um grande peixe cartilaginoso; chamado de bispo no norte da Europa, no sul foi confundido com um anjo. Em Nice, até o início do século XX, imensos peixes de asas achatadas, de aparência intermediária entre a raia e o tubarão, de pele rugosa, destruíam as redes dos pescadores de sardinhas. Diante de suas grandes asas, os pescadores os chamaram de *lu pei ange*: o "peixe-anjo", ou "cação-anjo". Esses *Squatina squatina* se tornaram raríssimos em nossas costas, mas em sua homenagem a baía entre Nice e Antibes recebeu o nome de baía dos Anjos.

* * *

Ninguém acredita mais na lenda do espelho. Sabemos que a vida surgiu nos oceanos, na forma de uma comunidade de bactérias, que aos poucos se diversificaram e se tornaram plantas e animais. Algumas criaturas evoluíram e foram buscar oxigênio no ar, onde ele era mais concentrado do que na água. Elas colonizaram a terra. Outras espécies ficaram na água e assumiram formas variadas. Outras, como os ancestrais dos cetáceos, saíram da água, se adaptaram à vida terrestre e depois voltaram ao mar, novamente adquirindo traços semelhantes aos dos peixes, adaptando-se ao meio através de um mecanismo de convergência evolutiva.

A lenda do espelho foi esquecida, juntou-se ao bestiário das superstições antigas e ultrapassadas, ao lado das gravuras de baleias imensas que podiam ser confundidas com ilhas e de melodias de flauta que repeliam monstros marinhos.

* * *

Mas a ciência e a técnica a substituíram e continuam dando vida à lenda do espelho, ou melhor, ao reflexo dessa lenda em seu próprio espelho. Hoje — e essa é uma tendência para o futuro — nosso mundo terrestre se inspira no mundo submarino e busca assemelhar-se a ele, como num espelho.

A evolução moldou o tubarão-martelo milhões de anos antes do primeiro martelo, e a primeira concha de nácar muito tempo antes dos primeiros materiais compósitos. Em 3,5 bilhões de anos de história da vida no planeta, a natureza desenvolveu e testou, graças à seleção natural, inúmeras soluções técnicas para garantir a sobrevivência de suas espécies, criando um tesouro inestimável de fontes de inspiração para os inventores, em todos os campos.

Nosso mundo aos poucos se faz o espelho dos mares, imitando-os em invenções biomiméticas. As chapas de aço galvanizado de nossos telhados são uma imitação da estrutura particularmente resistente das vieiras. A fuselagem de muitos veículos se inspira na forma hidrodinâmica dos peixes. Robôs cirúrgicos imitam a flexível agilidade dos tentáculos do polvo. Inúmeros medicamentos são cópias de moléculas marinhas — do veneno dos conídeos às proteínas dos ascídios. A natureza costuma superar os engenheiros humanos e oferecer-lhes uma ampla gama de modelos.

As esponjas *Euplectella* das profundezas abissais, ou esponjas-de-vidro, sabem construir um esqueleto de vidro sem precisar recorrer a fornos ou à indústria química. Além disso, seu vidro tem propriedades ópticas excepcionais, melhores que nossas fibras ópticas, utilizadas para intensificar a luz do plâncton bioluminescente, como luminárias, a fim de atrair algas planctônicas e comê-las. Acredita-se que esses estranhos espongiários vivam 13 mil anos. Jovens casais de camarões se mudam para esse esqueleto de vidro, trançado como um cesto, quando ainda são minúsculos. Ao crescer, os camarões não conseguem mais sair e ficam a vida toda juntos, morando dentro da esponja. Além de símbolo da fidelidade, as

Euplectella darão origem a várias invenções baseadas no estudo de seu material. Pesquisas já se inspiram nelas para a construção de estruturas arquitetônicas, próteses biocompatíveis e vidros inovadores.

Revoluções técnicas emergem dos oceanos. A hemoglobina dos arenícolas, vermes marinhos que enchem as praias com seus rastros de areia, transporta o oxigênio quarenta vezes melhor do que a hemoglobina dos seres humanos e é compatível com todos os grupos sanguíneos. Tomando-a por inspiração, criam-se produtos que conservam os órgãos para transplantes por um tempo cerca de dez vezes maior do que o das soluções comumente utilizadas.

Algumas dessas inspirações marinhas tiveram consequências incríveis sobre nosso mundo.

A água-viva *Aequorea victoria* habita as águas da América do Norte, onde se alimenta de copépodes e outras medusas, ou águas-vivas. Para atrair suas presas, ela produz uma luz verde intensa, graças a uma proteína fluorescente. Quando consegue capturar uma água-viva de cerca de metade de seu tamanho e engoli-la, dilatando a boca com gulosa satisfação, a *Aequorea victoria* nem imagina que, imitando sua técnica de caça, alguns *Homo sapiens* ganharam dois prêmios Nobel e lançaram uma nova luz sobre os conhecimentos do mundo.

A produção dessa proteína fluorescente de água-viva, chamada GFP, sintetizada em laboratório, revolucionou a bioquímica.

As proteínas são expressão dos genes. O código de DNA é traduzido na forma de proteínas; portanto, elas é que codificam todas as ordens e mecanismos internos dos organismos vivos. A partir do DNA, hoje podemos sintetizar proteínas in vitro, e até conjuntos de várias proteínas, umas depois das outras. Ligadas às proteínas GFP da água-viva, elas adquirem uma extremidade fluorescente e podem ser seguidas dentro das células, tornando possível a visualização de seu funcionamento sem perturbar as estruturas vivas. Biólogos foram capazes de estudar, sem alterá-los, neurônios se comunicando, genes sendo traduzidos e vários outros processos secretos do mundo vivo... simplesmente fazendo-os brilhar. Graças à GFP, hoje podemos visualizar e compreender mecanismos invisíveis, mas fundamentais para nossa saúde. Os pioneiros dessa descoberta foram recompensados com o prêmio Nobel de Química em 2008.

Para melhor observar as proteínas fluorescentes, uma nova geração de microscópios foi desenvolvida: microscópios de "super-resolução", isto é, capazes de ver objetos a princípio invisíveis, menores que o comprimento de onda da luz. Houve uma nova revolução científica, que valeu a seus inventores o prêmio Nobel de 2014. Osamu Shimomura, Martin Charlfie, Roger Tsien, Eric Betzig, William Moerner, Stefan W. Hell, físicos e químicos de nacionalidade americana, alemã, japonesa, de origem romena, chinesa, nipônica, americana, souberam trabalhar juntos para mudar nossa vida, embora o grande público ignore seus nomes e suas descobertas. Como a água-viva *Aequorea* nas profundezas abissais, esses inventores e suas luzes brilham na escuridão.

* * *

Da mesma forma que imitar as técnicas dos seres marinhos faz com que a tecnologia progrida, inspirar-se em seus princípios de vida pode melhorar nossa sociedade. A lenda do espelho supunha a existência de uma civilização submarina... na verdade, já existem muitos seres sob os mares cujas comunidades poderiam nos servir de modelo!

O mar tem dinâmicas que poderiam inspirar nosso mundo. Não há desperdício, não existem resíduos no ecossistema aquático. A otimização do espaço nos recifes de corais poderia influenciar nossas cidades; a maneira como as espécies coabitam pode ser um exemplo para a sociedade; a tomada de decisões num cardume de peixes, sincronizados, mas sem líderes, poderia inspirar novas ideias políticas...

Por que esperar o trabalho dos inventores e as decisões dos urbanistas? Os organismos marinhos e sua vida surpreendente podem despertar ideias em cada um de nós.

Como o coral que cultiva uma comunidade de algas e bactérias, poderíamos cultivar em nós os exemplos de vida que o mar nos oferece. Poderíamos nos inspirar na perseverança da enguia, que nunca desiste do objetivo de retornar ao oceano e vive indefinidamente graças à sua esperança otimista. Ou na criatividade da ostra, que, ferida por um grão de areia dentro de sua concha, e de tanto revirar esse problema incômodo em todos os sentidos, acaba transformando-o em pérola.

Talvez, no fim das contas, os eruditos da Idade Média e os poetas latinos não estivessem errados em acreditar com tanta força na lenda do espelho. E se, por um instante, como eles, tentássemos acreditar nela de novo? E se olhássemos através do espelho? Buscando, em nosso mundo terrestre, os equivalentes das espécies marinhas que conhecemos...

Talvez víssemos que algumas pessoas são as contrapartes terrestres dos animais que encontramos no mar. Você sem dúvida identificaria entre seus conhecidos os equivalentes das sardinhas, que preferem a segurança do cardume e se apagam quando isoladas. Você provavelmente observaria reflexos de vieiras, pessoas que não querem falar conosco diretamente, mas dizem muita coisa sobre si mesmas. Ou os correlatos dos polvos, capazes de se adaptar e ficar à vontade em todos os tipos de situação, de falar com as mãos e se transformar diante de cada interlocutor. E também aqueles cuja fala é como o universo do linguado, plana e bidimensional, ou os que se jogam na água, em três dimensões, variando gestos e entonações.

Olhe bem. Você talvez encontre na multidão alguns moluscos reservados, que carregam dentro de suas conchas muitas histórias, para quem souber ouvi-las. Ou os regalecos da lenda da serpente marinha, que têm toda uma reputação de histórias rocambolescas, mas cuja realidade é discreta e secreta, igualmente maravilhosa. Ou ainda os camarões de cores polarizadas, os peixes-elétricos... e os que veem o mundo de uma maneira diferente da nossa, e têm cores invisíveis a nossos olhos.

Com sorte, você talvez consiga cruzar o caminho da baleia solitária, que canta mas não é ouvida por ninguém. Quem sabe alguns de nós até são capazes de lhe responder?

Diálogos aquáticos

Onde rememoramos a rêmora.
Onde nos lembramos da bela ami-
zade das orcas de Éden.
Onde o golfinho ajuda os homens...
e zomba deles.

O mar nos dirige a palavra. Para que haja diálogo, por que não lhe respondemos?

O serrano foi o primeiro a me fazer viver a magia discreta de um diálogo com as criaturas marinhas. Esse primo da garoupa, parecido com a perca, vive no fundo rochoso do Mediterrâneo. Ele é uma sentinela, dotada de grande curiosidade. Assim que avista um intruso, nada a seu encontro e avisa os outros peixes. É graças a ele que costumamos identificar os polvos. Sempre que eu passava na frente da pedra de um serrano, ele saía de sua toca e se plantava na minha frente, nadando e me encarando, intrigado. Não era uma reação indiferente; o serrano tentava entender o que se escondia por trás daquela estranha criatura com máscara e roupa de mergulho. Por meio de gestos e olhares, um atiçava a curiosidade do outro. Embora muito rudimentar, já era uma troca. Nenhum de nós seria capaz de compreender tudo o que o outro gostaria de lhe dizer. Mas em nenhum diálogo é preciso entender tudo. Isso, aliás, é impossível.

Tive a sorte de cruzar com espécies marinhas com que tive trocas impressionantes. Nunca vou esquecer da inocente curiosidade dos animais de alto-mar. Plenamente selvagens, eles não conhecem o homem, e em geral não o temem. Seu primeiro reflexo, portanto, é vir a nosso encontro. A troca de olhares com um peixe-lua desperta uma estranha emoção. Ao largo da costa, o peixe de quase dois metros de diâmetro, achatado e cinza como um disco voador, nada espontaneamente na direção do barco e fica de lado para observar seus ocupantes. Aquele ser desconhecido, solitário, muito diferente, se interessa por você e tenta entendê-lo. Fenômeno estranho em nossa sociedade cheia de indiferença. As raias-jamantas, por sua vez, à primeira vista parecem assustadas com a passagem dos barcos. Mas assim que o motor desacelera, elas descrevem um grande círculo em torno do casco e se aproximam, rodopiando numa dança esquisita. Suas grandes asas triangulares, brancas de um lado, pretas do outro, giram e refletem os raios de sol no azul do mar. Seus olhos redondos fixam a borda da embarcação, onde espantosos bípedes desfocados pela água perturbam seu cotidiano em alto-mar. As famílias de baleias-piloto, grandes cetáceos pretos que migram ao largo da Côte d'Azur no verão, podem ficar horas brincando ao lado de um barco. Elas costumam praticar o *spyhopping*: tiram a cabeça da água para melhor observar o mundo emerso e seus habitantes.

Os cetáceos gostam de espiar nosso ambiente e nos perscrutar. Quando uma baleia-jubarte do Pacífico tira o olho da água para enxergar melhor, e tenta fazer sinais fora da água, batendo as longas nadadeiras peitorais no ar, tentando observar nossa reação, percebemos a que ponto esses seres desejam trocar conosco.

* * *

Esse diálogo é uma arte perdida. Ninguém nunca teve uma conversa de verdade com os animais marinhos, como temos entre humanos. Mas vários de nossos ancestrais dominaram alguns aspectos desse diálogo, na época em que sua vida era indissociável dos ecossistemas naturais. Alguns fragmentos dessas conversas sobreviveram até os dias de hoje e são provas da possibilidade de um dia retomarmos esses contatos.

Rêmora

A civilização aborígene da Austrália floresceu por 40 mil anos. Seu povo teve tempo de tecer uma relação estreita com a natureza, e muitíssimo misteriosa. Entre os mistérios de suas técnicas esquecidas, os aborígenes eram capazes de dialogar com a rêmora, o peixe-ventosa com que já nos deparamos, que Plínio imaginava desacelerar navios.

Com a "descoberta" da Austrália pelos europeus, muitos exploradores descreveram uma técnica de pesca original praticada pelos aborígenes do estreito de Torres. Para capturar tartarugas, tubarões e peixes grandes, eles recorriam à ajuda de uma rêmora, presa na ponta de um cordão. Os pescadores se aproximavam devagar da presa, a bordo de uma canoa parcialmente cheia de água, onde as rêmoras ficavam, coladas ao fundo do casco por suas ventosas dorsais. Quando viam uma tartaruga ou um tubarão, os aborígenes descolavam a rêmora do casco e a soltavam com delicadeza na água. Esta nadava discretamente, ganhava a confiança do tubarão ou da tartaruga e se colava neles com sua ventosa, como costumava fazer. Os aborígenes, então, puxavam o cordão. A rêmora não soltava a ventosa da presa; pelo contrário, aumentava sua aderência.

A presa caía na armadilha. Alguns exploradores ingleses também relataram que a rêmora puxava o cordão para avisar, como por telégrafo, que a presa se preparava para mergulhar com força e que seria necessário lhe dar mais fio. A cumplicidade entre humanos e rêmoras era tão grande que, se o fio se rompesse, a rêmora voltava para se fixar ao barco. Entre as saídas para pescar, a rêmora era deixada numa bacia cheia de água limpa e alimentada todos os dias. Era assim que os pescadores conseguiam capturar tartarugas, tubarões e uma grande variedade de peixes de grande porte. Eles nunca ameaçaram nenhuma espécie com esse tipo de pesca tradicional: as tradições aborígenes lhes impunham cotas de pesca, reservando o consumo de cada espécie a uma fase da vida. A carne dos grandes animais marinhos era privilégio dos idosos. As tribos evitavam a pesca excessiva dessas espécies, de reprodução lenta, e também a intoxicação por mercúrio, acumulado pelos grandes predadores e nefasta para jovens e mulheres grávidas.

O relato da pesca com rêmora feito pelos exploradores parecia fantasioso demais para ser verdade, aos olhos dos estudiosos da metrópole. No entanto, todos os viajantes descreveram exatamente a mesma técnica, com muitas ilustrações e detalhes. E a técnica também foi observada fora da Austrália, nos quatro cantos do globo. Cristóvão Colombo foi o primeiro a mencioná-la, na região que acreditava ser as Índias; fatos semelhantes foram relatados em todo o golfo do Caribe, tanto em Cuba quanto na Jamaica. Commerson observou-a em Moçambique, em 1829, e o cônsul britânico Holmwood em Zanzibar, em 1881. Mas as populações que detinham esse saber acabaram desaparecendo; suas culturas e tradições se apagaram ao contato com o Ocidente.

Em 1905, o cientista britânico Holder tentou, para verificar os fatos, capturar uma tartaruga ou um tubarão com a ajuda de uma rêmora. Ele se inspirou em várias observações e descrições técnicas, e tentou a sorte nos recifes de corais de Cuba. Em todas as tentativas, a rêmora só fazia o que queria. Ora nadava em direção à presa, ora se colava a ela, mas a soltava à menor tração do cordão, ou então adotava uma atitude de fuga que despertava o apetite do tubarão, que a devorava numa dentada. Um fracasso. Holder concluiu que aborígenes e demais povos deviam esconder segredos em relação à pesca com rêmora, sobretudo na maneira de incitá-la a colaborar com eles e de prendê-la com o cordão sem que ela percebesse algum entrave à sua liberdade. Ele sugeriu que mais informações deveriam ser buscadas a respeito dessas técnicas, antes de repetir a experiência. Mas ninguém conseguiu fazer isso. A arte da pesca com rêmora, muito complexa e tradicional, se perdeu com o surgimento das técnicas modernas. Etnólogos observaram essa prática até os anos 1980, em tribos isoladas. Mas nenhum deles soube descrever ou compreender o segredo do diálogo com a rêmora, a maneira de pedir sua ajuda, de ganhar sua confiança. O segredo devia estar escondido nos vários ritos em torno da pesca, dissimulado em alguma canção mágica ou dança tradicional, e transmitido como uma história, por uma tradição puramente oral. Hoje, ninguém sabe falar com as rêmoras.

* * *

Os aborígenes não eram os únicos australianos que dialogavam com os animais marinhos. Por mais de um século, a colônia inglesa de Éden, em Nova Gales do Sul, no sudeste da Austrália, foi o palco de uma amizade fora do comum entre homens e orcas.

Os empregados aborígenes da tribo yuin devem ter ensinado os baleeiros ingleses a conversar com as orcas. Na época — os anos 1860 —, a baleia-jubarte era caçada com arpão, à mão, em barcos simples e a remo. Era uma profissão perigosa, mas necessária para a sobrevivência naquelas regiões isoladas. Alexander Davidson e seu filho John, especialistas em consertos navais, decidiram se lançar nessa aventura.

A família Davidson era muito rigorosa em seus valores morais protestantes. Convencidos de que trabalhos iguais mereciam salários iguais, os Davidson pagavam a mesma quantia para os empregados aborígenes e os brancos, fato excepcional para a época. Eles também obtiveram o reconhecimento e a estima dos yuins, que em compensação lhes ensinaram a solicitar a ajuda das orcas na caça da baleia. Os Davidson fizeram uma aliança com as orcas que os tornou especialistas na caça à baleia no porto de Éden.

As orcas patrulhavam ao longo da costa e, quando avistavam as baleias, batiam com o rabo na superfície da água para avisar os baleeiros. Da costa, os moradores de Éden ouviam esses grandes golpes e pegavam os barcos a toda a velocidade. As orcas, em grupo, escoltavam e guiavam os arpoadores, e empurravam a baleia na direção do barco. Os homens e as orcas desenvolveram sinais, à base de batidas de remo ou rabo na água, para conversar e indicar as manobras seguintes, durante a caça. A condição dessa aliança era o respeito da "lei da língua": os caçadores deviam ceder às orcas a língua da baleia, uma iguaria, como recompensa. Criou-se uma verdadeira cumplicidade entre os homens e o grupo de orcas de Éden, que ia além de uma simples troca de bons comportamentos alimentares. Cada orca tinha um nome e uma personalidade. A amizade era especialmente forte entre Old Tom, um macho dotado de um carisma fora do comum, e George, o filho mais novo dos Davidson.

Old Tom fora encarregado por seus congêneres de avisar os humanos e de ser o intermediário entre orcas e homens. Os caçadores o apelidaram de "o humorista", por suas inúmeras brincadeiras: ele gostava de agarrar os cordames das embarcações, com os dentes, e de se deixar puxar pelos remadores. Deter o avanço do barco o divertia bastante; ele brincava por um bom tempo de cabo de guerra com eles. Mas quando estava na hora de caçar baleias, o próprio Tom puxava os barcos, levando os cordames na boca, arrastando-os na direção dos cetáceos, permitindo que os remadores poupassem suas forças. Seus dentes ficaram bem gastos. Quando algum marinheiro caía na água, Old Tom nadava para socorrê-lo, mantendo-o na superfície e protegendo-o dos tubarões. George Davidson nadava regularmente com Old Tom, por prazer. Para ele, a orca era parte da família. As orcas cuidavam de suas tripulações e, em troca, George Davidson cuidava das orcas. Ele fez com que fossem protegidas por lei, enviou a polícia no encalço dos baleeiros noruegueses que as caçavam e libertava-as quando ficavam presas em redes. Essa amizade entre homens e orcas durou três gerações, de 1840 a 1930. Ela é documentada por testemunhos preciosos, filmes e fotografias. Enquanto o resto do mundo desenvolvia barcos a motor e arpões explosivos que dizimavam de maneira industrial as populações de baleias, no porto de Éden a amizade com as orcas era cultivada e as baleias eram caçadas em barcas, para que apenas o estritamente necessário para garantir a sobrevivência da colônia fosse pescado.

Old Tom

Infeliz daquele que trai o mar. Em 1930, a temporada de pesca foi muito ruim, os baleeiros industriais noruegueses deixaram poucas baleias escapar até Éden. Um fazendeiro chamado Logan trabalhava numa barca de George Davidson no dia em que Old Tom conseguiu encontrar uma baleia de pequeno porte e garantir sua captura. A baleia estava bem magra, e provavelmente era a última da temporada. Na hora de cortar a parte das orcas, George e Logan tiveram um desentendimento. Logan achou que a baleia era pequena demais para dividi-la com as orcas; ela não forneceria óleo suficiente para iluminar o inverno todo. George, por sua vez, quis respeitar a imutável lei da língua, como haviam feito seus pais, seus avós e os aborígenes antes deles. Uma tempestade se armava e era preciso voltar rapidamente ao porto. Logan tomou a frente da situação e ordenou que a baleia fosse levada à terra. George não pôde se opor, diante do apoio da tripulação. Old Tom seguiu o barco, incrédulo, pensando tratar-se de uma brincadeira. Ele tentou se agarrar à baleia, desacelerar a embarcação puxando os cordames. Mas a tripulação acelerou a cadência das remadas na direção do porto. Foi sua última partida de cabo de guerra, de triste desenlace. Old Tom perdeu vários dentes; sua parte da baleia lhe foi violentamente arrancada. A filha de Logan, presente naquele dia, contou que quando a orca ferida e decepcionada voltou às profundezas, seu pai murmurou: "Meu Deus, o que foi que eu fiz?". As orcas nunca mais voltaram a ajudar os baleeiros de Éden. Os moradores, privados da ajuda delas, nunca mais capturaram nenhuma baleia.

Alguns meses depois da traição, marinheiros encontraram o corpo de Old Tom, morto numa baía próxima. A perda dos dentes provavelmente condenara o animal, muito velho, a morrer de fome. Logan, consumido pelo remorso, financiou a construção de uma capela onde hoje podemos contemplar o esqueleto de Old Tom e as lembranças dessa aliança perdida com o oceano. O porto ainda existe. Ele faz jus ao nome Éden, paraíso perdido de uma amizade traída.

* * *

Algumas dessas tradições em que os homens e o mar dialogam persistem até os dias de hoje.

A cumplicidade entre homens e golfinhos não é novidade. Plínio já a descrevera: num açude que ele chamava de Latera e era ligado ao mar, perto da atual Palavas-les-Flots, os habitantes haviam desenvolvido uma surpreendente amizade com os golfinhos. Durante a migração anual das tainhas, "o povo todo" se reunia para chamar os golfinhos aos gritos, repetindo o nome "Simon", "Simon" ao vento norte, na praia. Segundo Plínio, o nome lembrava a palavra latina *Simius*, que significa "nariz chato", e os golfinhos, que tinham senso de autodepreciação, se reconheciam e portanto acorriam, achando divertida a afetuosa troça de seu nariz. Os golfinhos-roaz, ou golfinhos-nariz-de-garrafa, chegavam em grandes bandos à praia e empurravam as tainhas para as redes dos homens, aproveitando a barreira criada por estes últimos para devorar algumas.

Essa história parece uma fantasia de Plínio entre tantas outras... no entanto, ela é verídica e acontece até hoje. Na Mauritânia, a mesma técnica é utilizada pela etnia imraguen para capturar tainhas. Esse povo de antigos escravos dos mouros, emancipado há poucas décadas, por séculos precisou pagar a seus senhores uma pesada taxa na forma de peixes. Em seu infortúnio, os imraguens puderam contar com fiéis e inesperados aliados: os golfinhos. Os imraguens não chamam os golfinhos de Simon, como no ritual da Camarga à época de Plínio, mas batem na água num ritmo preciso, tocando uma espécie de melodia percutível para atraí-los. Homens e golfinhos cooperam e levam as tainhas saltadoras à praia, com o auxílio de um emaranhado de redes. Infelizmente, a técnica começa a se perder e quase não é mais utilizada na Mauritânia.

No Brasil, porém, cerca de duzentos pescadores da cidade de Laguna, em Santa Catarina, vivem em simbiose com uma família de golfinhos. Em suas lagunas lodosas, a tainha é pescada com tarrafa, uma rede na forma de sino atirada por cima dos peixes. Os golfinhos conseguem ver as tainhas na água turva, graças a seu sonar; os homens, não. Os homens, por sua vez, conseguem encurralar as tainhas com suas redes; os golfinhos, não. Ninguém lembra quando e como a aliança entre homens e golfinhos começou em Laguna. Hoje, porém, essa simbiose se tornou vital para as duas espécies.

Os golfinhos inventaram toda uma linguagem para se comunicar com os pescadores e mostrar onde atirar as redes, com sinais de cabeça ou de rabo. Eles transmitem entre si essa linguagem de geração em geração. Mais do que isso, o grupo de golfinhos que colabora com os homens desenvolveu suas próprias características culturais. Eles preferem se manter à parte, não se misturam aos outros golfinhos. As medições acústicas de seus sons revelaram que os golfinhos que cooperam com os homens em Laguna têm seu próprio "sotaque", seus próprios assobios, que os diferenciam dos animais da mesma espécie que não "falam" com os humanos. Os pescadores também criaram suas próprias expressões, suas gírias ligadas à interação com os golfinhos. Eles sabem reconhecer cada indivíduo e lhes atribuem nomes. Embaixo d'água, os golfinhos também dão nome uns aos outros. As duas culturas se unem nos bancos de areia de Laguna; duas histórias, em cima e embaixo d'água, que se escrevem juntas, em português e em assobios de golfinhos.

* * *

As relações entre seres humanos e criaturas marinhas não necessariamente se baseiam na colaboração para a busca de alimento. Muitas são o simples fruto de uma curiosidade recíproca, totalmente desinteressada.

Na Passagem de Tiputa, na Polinésia, tive a sorte de observar os golfinhos-roaz na água, durante um mergulho, e fui testemunha de uma troca incrível com eles. Esses golfinhos procuram os mergulhadores naturalmente, para brincar. Eles são travessos e afetuosos. Buscam tanto contato físico que às vezes é preciso fingir indiferença, resistir à vontade de acariciá-los, para garantir que permaneçam selvagens e livres. O aparecimento de um golfinho embaixo d'água tem algo de irreal. Temos a impressão de estar diante de uma animação cinematográfica, de um animal fictício, de tão perfeitos e estranhos que eles são.

Em torno das bolhas de ar que subiam do grupo de mergulhadores até a superfície, dois golfinhos-roaz iam e vinham, intrigados. Um deles nos observava com o canto do olho. Calmamente, e com ar cúmplice, rodopiou bem no meio da cortina de bolhas e de repente parou, deixando-se cair para trás. Então começou a fazer pequenos movimentos com as nadadeiras, deitado de costas, propositalmente desajeitado, e assoprou grandes jatos de bolhas por seu respiradouro, acima da cabeça. Cruzei seu olhar zombeteiro e senti a alegria de entender sua piada: eu tinha acabado de perceber que o golfinho nos imitava. Ele nos via nadar desajeitadamente entre duas águas e fazer bolhas, e tentava nos imitar, forçando a mão. Estaria tentando aprender conosco, por meio de um reflexo inato de imitação, ou seria aquela apenas uma forma de zombaria? Ele respondia com seus misteriosos assobios, que não conseguíamos decifrar. Mas mesmo sem entender a linguagem um do outro, tivemos uma troca naquele jogo de imitação, naquela real cumplicidade. Dessa vez, era o oceano que se mirava em nós como num espelho.

Os verdadeiros diálogos com as criaturas marinhas, que são sinceros e perduraram, nunca precisaram que entendêssemos suas línguas, nem que lhes ensinássemos a nossa. Em certa medida, esse ensino é possível: golfinhos e focas foram treinados em cativeiro a reconhecer um grande número de "palavras" e a agir de acordo com elas. Mas o homem, nesses casos, quer se fazer entender, e não ser ouvido.

Os imraguens, os aborígenes e os mergulhadores de Tiputa não tentam trocar palavras, mas compartilhar algo além das palavras. Eles não treinam os animais para que estes aprendam a falar; eles é que tentam fazer parte de seu mundo. Um interpreta os sons do outro sem compreendê-los totalmente, mas a intenção supera a barreira da língua. Podemos sonhar que um dia a ciência consiga decifrar a linguagem dos animais marinhos. Talvez ela torne a nossa acessível a eles, e assim possamos mutuamente traduzir nossos diálogos. Mas essa tradução não é necessária para falarmos com eles, como alguns homens fazem há milênios.

Esses diálogos sem palavras são inspiradores e, também, um exemplo para as conversas entre humanos. Pois cada pessoa tem sua linguagem particular, como os golfinhos e os homens, e os outros nunca podem decifrá-la completamente. Fazemos força demais para sermos entendidos quando falamos. Tentamos falar com a linguagem do outro, ou forçar o outro a entender a nossa. E se cada um se expressasse livremente, naturalmente, à sua própria maneira, com seu próprio estilo? E ouvisse os demais com o coração, sem tentar traduzir tudo, e falasse da mesma maneira, sem medo de ser um pouco incompreendido? Os golfinhos falam sua linguagem de golfinhos, os homens, sua língua de homens; mesmo assim, nas correntes polinésias, eles se ouvem e se entendem.

* * *

As aves marinhas põem esse princípio em prática aos gritos, em alto-mar, em busca de anchovas. A andorinha-do-mar, por exemplo, chilreia assim que avista algo interessante e avisa todas as outras criaturas: gaivotas e pardelas, barcos e baleias ouvem seu canto e seus sinais. Não importa que ninguém entenda exatamente o que ela diz. O pequeno pássaro branco, capaz de migrar de um polo a outro, é tão carismático que incita qualquer animal a segui-lo, eletrizando-o com seus gritos superagudos. Descobri esse diálogo fascinante com os pássaros quando meu destino cruzou com o de outra espécie, maravilhosa e colorida: o atum-rabilho.

Buscando o atum

Onde lemos o voo dos pássaros.
Onde as latas de atum se transfor-
mam em caixinhas de música.
Onde histórias são contadas sobre
todos os atuns.

O atum entrou em minha vida provavelmente do mesmo jeito que na sua: dentro de um sanduíche triangular, ou na salada pronta de um refeitório escolar; ou seja: ralado.

Anos depois, conheci a formidável criatura de onde vinham aqueles pedaços.

A meio caminho entre o continente e a Córsega, só se enxerga o horizonte. O infinito do mar, 360 graus ao nosso redor, deixa alguns angustiados. O azul sob nossos pés também pode assustar. É uma vertigem justificável: o barco flutua acima de um abismo de 2 mil metros, sobrevoando montanhas e cânions ocultos pela imensidão azul.

Sempre achei a solidão do alto-mar bastante tranquilizadora. Empoleirado num barco, no meio daquela lisa vastidão, vejo tudo chegar de longe.

O sol começava a subir no céu e a dissipar as cortinas laranja da manhã com um azul difuso. Observávamos o vento sobre o mar, apertando os olhos. A leste, a água ofuscava como um espelho, como se o sol estivesse derretido numa poça incandescente. Do outro lado, o índigo era intenso e repousante.

No início, não havia nada. Águas calmas, outras encrespadas. Às vezes, algumas ondas soltas. Somente água e ar.

"Há algo à frente, não?"

Um ponto ínfimo acabava de correr, no estrabismo das duas lentes de meu binóculo.

"Onde?" "Às cinco horas."

"Parece um pássaro, sim."

Um ponto branco havia surgido, do nada. É surpreendente como os pássaros aparecem de repente no mar. Pousados na água, sobre as ondas, eles escapam aos binóculos mais potentes. E aparecem de uma só vez no céu.

O pássaro voava reto à sua frente, decidido.

"Parece uma andorinha-do-mar. Vamos segui-la."

Logo surgiram mais duas, depois dez andorinhas-do-mar, todas saídas de lugar algum, como por magia, voando na mesma direção. Elas conversavam com voz vivaz, seguras de si.

Na água, vimos pardelas ao lado do barco. E várias gaivotas surgiram no céu, como se tivéssemos acabado de salpicá-lo de sal e pimenta. Elas rodopiavam em seus voos desengonçados.

As andorinhas-do-mar tomaram altitude, subindo e descendo freneticamente. Uma delas de repente se virou, o rabo em leque, e deu uma brusca meia-volta. Na outra ponta do horizonte, acabava de se desenhar uma fina linha branca. Ela a localizara. Junto com a nuvem de pássaros que acorria com grandes gritos, seguimos a andorinha-do-mar. E a água começou a fervilhar.

O mar de repente virou espuma, por centenas de metros, num burburinho grandioso, numa confusão de estouros. Anchovas empurradas para a superfície pipocavam aos milhares, enlouquecidas, perseguidas pelos predadores. Gansos-patolas se deixavam cair na vertical, como dardos. Golfinhos iam e vinham rapidamente, desaparecendo na confusão. As andorinhas-do-mar mergulhavam numa dança frenética, as pardelas se atiravam de barriga na água com uma avidez infantil. Mal tive tempo de ver o brilho das massas fusiformes e escuras, que subiam nos ares e batiam nas ondas ao cair numa chuva irisada... quando de repente ecoou o terrível, ensurdecedor, formidável chamado do atum.

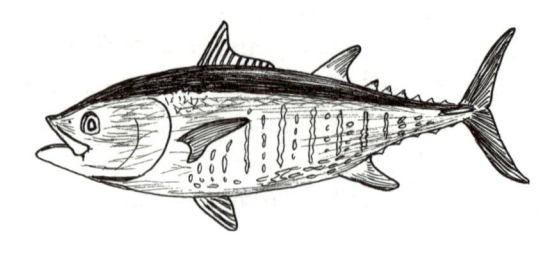

Atum-rabilho

O chamado do atum vem das profundezas do passado. Ele ecoa em nossos ouvidos de homens do Mediterrâneo há mais de 5 mil anos. Com o passar do tempo, adquiriu diversas tonalidades — tons variados.

Para nossos ancestrais do Neolítico, o chamado do atum era uma única e longa nota, soprada numa grande concha pela sentinela da tribo, que esperava por semanas a fio, no topo das falésias, a migração anual dos atuns que passaria entre as rochas e a praia. À noite, ela rememorava tantas lendas em torno dessas criaturas luminosas de força titânica que chegava a esquecer como elas eram, de tanto esperar e imaginá-las. Então, contemplava as paredes das cavernas onde os antigos as haviam desenhado, a carvão, para não esquecê-las. E quando finalmente as via aparecer, coloridas, na transparência das águas da baía, soprava com todo o seu ser a imensa concha nacarada.

Escavações arqueológicas atestam que as tribos do Neolítico capturavam o atum em vários cabos rochosos, onde cardumes inteiros nadavam ao longo da costa e podiam ser cercados e levados às praias. Nas cavernas da Provença, da Sicília ou de Creta, pinturas rupestres revelam a importância espiritual do animal, bem como as armas usadas pelos arpoadores encarregados de capturá-lo. Conseguir dominar um atum com os meios pré-históricos era uma façanha que levava à criação de lendas.

Pois o atum-rabilho é dotado de uma força fora do comum. O animal se adaptou à vida em alto-mar, às solidões azuis e cambiantes.

Ele não conhece abrigos onde repousar, portanto nunca para de nadar. Ele vive como um eterno viajante, seguindo as correntes. Mesmo quando dorme, é nadando. Se parar de nadar, o atum-rabilho se afoga e morre, pois só consegue respirar em movimento. Suas brânquias só funcionam quando uma corrente de água passa por elas ininterruptamente. Seu corpo é basicamente um imenso músculo, alimentado por um enorme coração. Todos os outros órgãos são reduzidos ao estritamente necessário. Para abastecer essa massa muscular, seu sistema respiratório e sanguíneo é o mais eficaz do reino animal.

Mas para ter a energia indispensável a essa vida nômade, o atum também precisa se alimentar constantemente. Cardumes de anchovas, de krills, de sardinhas, de bacalhaus... qualquer coisa. Se preciso, ele come até águas-vivas, consumindo o equivalente ao próprio peso por dia, para alimentar seu nado constante. Ele devora tantas que a população de atuns é um fator importante para os "anos de águas-vivas" em nossas costas. Com tal apetite, o jovem atum cresce rápido. Durante a juventude, ele dobra de peso a cada ano.

Desde seu primeiro ano, o atum pode atravessar o Atlântico em sessenta dias. E para poder viajar das águas quentes das Bahamas até os mares gelados da Islândia, ele é capaz de elevar a temperatura do corpo acima da temperatura da água: é um dos poucos peixes com sangue quente.

"Uma maravilha da natureza", disse um certo Aristóteles, que estava longe de saber tudo sobre ele.

O chamado do atum também ecoava para os gregos e para os romanos, grandes apreciadores do animal — que transportavam em ânforas a todos os portos do mundo antigo e degustavam com óleo depois de anos de marinada. Na época, o atum era tão abundante que se dizia que a frota de Alexandre, o Grande, teria precisado se posicionar em formação de batalha para enfrentar um imenso cardume que a impedia de seguir em frente.

Os maiores pensadores da época tentavam desvendar a migração do atum. E entender por que esse grande viajante, que desaparecia do mundo conhecido, sempre voltava, fiel às mesmas rotas migratórias. Aristóteles estava convencido de que o atum era cego do olho esquerdo e que sempre mantinha a costa à sua direita, para seguir o contorno do Mediterrâneo. Ele também acreditava que o atum devia ter medo do brilho de algumas falésias brancas na entrada do mar Negro, e por isso desviava sua migração.

Os conhecimentos sobre o atum evoluíram muito desde Aristóteles, mas o itinerário de suas viagens continua sendo um grande mistério.

Na Idade Média, o chamado do atum se transformou em canção — canções para os homens das almadravas. Esses grandes labirintos de redes perto das costas capturavam grupos de atuns perdidos, deixando-os à mercê dos arpoadores. Era um trabalho perigoso: descer armado de um gancho num cardume de atuns frenéticos, num mar de espuma e sangue, e tentar isolar e matar o imenso animal que alimentaria várias famílias. Para se encorajarem a descer até as redes, os homens cantavam em coro e em cânone. A técnica da almadrava foi aperfeiçoada e melhorada por todos os povos do Mediterrâneo; cada civilização, somando um detalhe à técnica, acrescentava um refrão à canção. As canções das almadravas até hoje mesclam invocações da Bíblia e do Alcorão, superstições latinas e lendas ibéricas, cada uma em sua língua, nos quatro cantos do Mediterrâneo.

* * *

O chamado do atum e suas canções ecoaram na bacia do Mediterrâneo por milênios. Um dia, porém, ele quase se calou.

Antes dos anos 1980, os japoneses não gostavam de atum. Os atuns acidentalmente capturados no Japão acabavam virando ração para gatos. Ainda encontramos no Império do Sol Nascente alguns apreciadores de sushi da velha escola, que desprezam o peixe gordo: para eles, o verdadeiro sushi deve ser de linguado, ou de vieira.

Infelizmente, as companhias de navegação que transportavam os produtos tecnológicos japoneses para a Europa e para as Américas queriam ter algo para transportar no caminho de volta.

Foi fácil lançar uma moda, nesse país em pleno crescimento econômico. Bastou deixar o atum de molho para retirar o gosto férrico que os japoneses detestavam. Graças a uma forte campanha de marketing, um peixe que trinta anos antes teria sido esnobado pelos gatos nipônicos logo passou a ser vendido ao preço de carros esportivos a autoproclamados especialistas.

Os pesqueiros de cerco, grandes navios-usinas cheios de eletrônicos e subvenções, foram fretados pela Europa rumo aos locais de desova do atum-rabilho para alimentar esse comércio lucrativo. Foi o fim das almadravas, das redes, das linhas, dos arpões... Vários pequenos ofícios da pesca do atum, e suas tradições milenares, foram progressivamente riscados do mapa e até proibidos; o atum se tornou um recurso privado, nas mãos de alguns armadores industriais. Os animais que outrora fascinavam os povos passaram a ser cotados na Bolsa antes mesmo de ser cercados por todos os lados ao se agruparem para pôr seus ovos e depois transferidos para imensas gaiolas de engorda, ao abrigo de olhares indiscretos. A seguir, os atuns eram enviados em aviões frigoríficos para sua última morada de arroz molhado e molho de soja. Os estoques logo escassearam, e quanto mais raros os atuns se tornavam, mais os preços aumentavam, levando os pesqueiros de cerco a capturar cada vez mais animais e incitando a organização de uma ampla rede de pesca ilegal.

No início dos anos 2000, depois de dez anos de pesca intensiva, não restava mais que 15% do estoque de atuns-rabilho.

Ninguém sabe por qual milagre tive a sorte de ainda poder ouvir o chamado do atum-rabilho naquele dia, em alto-mar, no Mediterrâneo. O retorno do atum foi um desses prodígios com que o mar nos prova com jactância toda a sua desmesura quase zombeteira.

As regulamentações e os controles impostos in extremis aos pesqueiros de cerco no final dos anos 2000 sem dúvida ajudaram, mas não foram suficientes. A revolução na Líbia, que tirou de jogo o principal aliado dos grandes pesqueiros franceses no contrabando do atum-rabilho, também contribuiu para salvar o atum. Mas a abundância do atum-rabilho se deve, acima de tudo, a ciclos naturais de vinte anos, ligados aos ciclos do sol, às correntes marinhas e a outros parâmetros ainda amplamente desconhecidos. Graças a essa conjunção de fatores, e talvez com o auxílio de um ou dois velhos espíritos que os antigos invocavam, os cardumes de atum-rabilho reapareceram milagrosamente em nossas costas, de novo abundantes, embora ainda em perigo.

Fui a seu encontro naquele dia, para compreender seu mistério e ajudar a protegê-los. Eu participava da organização de uma campanha de marcação de atuns-rabilhos, a bordo de um barco da federação de pesca esportiva de Mônaco, benevolamente engajada no programa. Nosso objetivo era encontrar um desses esquivos atuns, para marcá-lo e descobrir seus segredos.

* * *

O terrível chamado do atum havia ecoado. Pânico a bordo.

O molinete dourado assobiava soltando seu fio de náilon em voltas de vinte metros, sob o peso da partida violenta do animal. Ordens foram gritadas na parte de trás do barco, para puxarmos as outras linhas, pegarmos talabartes e nos prepararmos em nossos postos. O animal, centenas de metros à frente, continuava seu avanço, sem querer parar.

Tornou-se urgente segui-lo, para tentar pegar o fio que se soltava sem parar. Era um jogo de força e astúcia, para convencer o animal a dar meia-volta, a retornar na direção do barco.

Na ponta da linha, o atum mal devia sentir o pequeníssimo anzol preso num canto da boca, como uma espinha de uma de suas presas habituais. E a tração que eu tentava lhe impor, com todo o meu peso, puxando com a ajuda do caniço, não parecia fazê-lo desviar sua trajetória.

No entanto, o atum acabou se cansando. Descrevendo grandes voltas em torno da embarcação, subiu um pouco à superfície. Ele não se rendia, só estava um pouco fraco; era como se viesse olhar o barco de perto, com o orgulho intacto no olhar. Ele não fora vencido, concedia-nos sua captura. O olhar do atum é inesquecível.

O animal que nadava segurado pela coleira era de uma perfeição improvável, como um brinquedo recém-comprado, tinindo de novo. Tinha linhas azuis brilhantes, estrias harmoniosas, manchas acobreadas, como uma tela de arte contemporânea destilando imaginação, e um hidrodinamismo perfeito. Atrás dele, dezenas de outros atuns de seu cardume o seguiam no rastro da embarcação, como sombras fugidias. Quando um atum deixa seu cardume com ar decidido e avança sem hesitação numa certa direção, os demais o seguem com confiança, pensando que ele tem algo em mente. Mesmo quando ele os conduz direto a um barco de pesca.

O animal, de uns bons trinta quilos, recuperava as forças e a disposição, ao lado do barco. Era o momento. Agachado perto dele, tirei de uma tábua do barco um bastão com uma pequena flecha de plástico vermelho, com um código em números pretos. Um golpe rápido da flecha no dorso, um golpe de pinça certeiro para extrair o anzol do canto de sua boca, e o atum voltou para o mar num nado tranquilo, a nadadeira dorsal ornada com uma tirinha escarlate.

Era como uma garrafa ao mar. O atum assim marcado percorreria centenas de quilômetros e, talvez um dia, cruzasse o caminho de outra pessoa, que veria a pequena tira de plástico vermelho em seu dorso e anotaria o número de telefone nele inscrito.

∗ ∗ ∗

Desde que comecei a participar do programa de marcação de atuns e a desenvolvê-lo na França, dezenas de pescadores esportivos, fascinados pela beleza do animal, lançaram suas garrafas ao mar no dorso de atuns. Várias centenas de atuns carregam tirinhas vermelhas nas costas. Alguns já contaram as histórias de suas viagens. Peixes marcados na França são encontrados em toda parte, nas Américas, no Adriático, nas Baleares... Muitos seguem nadando até hoje, esperando aquele que os encontrará, talvez dentro de dez anos, ninguém sabe onde, e com trezentos quilos a mais.

A migração do atum ainda é um mistério, tão fascinante quanto na época de Aristóteles, mas aos poucos começamos a conhecer algumas de suas rotas. Alguns são mais sedentários, vão e vêm entre a França e a Córsega. Outros fazem círculos imensos, passam pelo estreito de Gibraltar, chegam em águas canadenses.

O mapeamento dessas grandes viagens levará, a longo prazo, a uma gestão internacional dos estoques de atum e permitirá que o protejamos melhor. Pois o atum que dizemos francês também é canadense, espanhol e marroquino, e portanto é preciso que haja uma regulamentação internacional que proteja esses grandes viajantes. Na gestão internacional dos estoques de atum, países que há anos defendem sua gestão sustentável, como Estados Unidos, Canadá, Mônaco e Noruega, seriam mais ouvidos em sua proteção.

Além disso, de tanto marcar esses peixes, alguns pescadores esportivos, os últimos dos moicanos a perseguir o animal com meios rudimentares, ressuscitaram a paixão pelo atum. A paixão que animava nossos ancestrais, desde a Pré-História, em tradições milenares. A paixão que animava lendas e festivais em todos os portos, e que reatava o laço, a osmose, o diálogo entre os homens e as forças da natureza. O renascimento da arte de ler o voo dos pássaros, de perscrutar o horizonte com esperança e do frisson de ouvir o eco do chamado do atum. Da admiração e do sonho diante de sua vida inspiradora que sempre avança e nunca se detém.

Devolvemos ao atum sua voz ancestral.

Acabar... como peixe na água

A leste, o sol nos ofuscava. No azul panorâmico das águas em alto-mar, grandes pinceladas de luz seguiam de leste a oeste, dançando ao ritmo do suave marulhar. As sardinhas se afastavam, dispersas na calmaria da manhã, comendo plâncton por todos os lados. Acima delas, na superfície, poças de céu ondulavam. O rosa pastel se diluía no azul do dia.

Abaixo, suas sombras, projetadas na direção oeste, caíam rumo a profundezas ainda cheias de escuridão.

Bem lá embaixo, os atuns perceberam as sombras dançantes.

Sua aproximação foi um frisson. De uma só vez, o cardume de sardinhas se agrupou e organizou numa massa compacta e assustada.

Fazer-se o espelho do mar. A sardinha sabia que essa era a única maneira de escapar ao olhar do atum. Fundir-se à paisagem, não ser mais que um reflexo. O cardume inteiro precisava estar no mesmo ângulo, para que o azul da água se refletisse em todos os lados das peles prateadas e para que elas não se diferenciassem do vazio do mar. Não tremer, acima de tudo não refletir por acaso um traidor brilho de céu na borda de uma escama, um fragmento de luz que denuncie sua presença. A sardinha se mantinha reta, desaparecia com todo o seu cardume num invisível tremular.

Mas no reflexo do mar em sua pele já se desenhava a falange de atuns, em fileiras, organizados e implacáveis. Era tarde demais para jogos de ilusão. O olho triangular do atum avistara o cardume. A sardinha viu as formas negras e perfiladas, de longas barbatanas, se materializarem. Formas que de repente se coloriram, todas ao mesmo tempo. Os atuns acabavam de iluminar suas linhas azuis, de comprimento de onda ultravioleta calibrado exatamente para ofuscar a visão das sardinhas. Um flash ofuscante.

O ataque dos atuns foi súbito e brutal. O que estava à frente se lançou como um foguete no centro do cardume, que se abriu em dois para desviar e não teve tempo de se fechar; os outros já estavam chegando. Os atuns subiam de todos os lados, furavam a superfície para tomar impulso e cair num estouro ensurdecedor entre as sardinhas desorientadas. Não paravam de aparecer cada vez mais atuns; centenas de granadas esfomeadas atingindo o grupo de sardinhas.

O cardume não cedeu ao pânico. Ofuscadas, atordoadas, as sardinhas sabiam que sua salvação dependia da união, da escuta umas das outras, da organização, de agirem como um só peixe. Elas formavam estranhos arabescos e espirais para desconcertar os atacantes, desviando das ofensivas, afastando-se e logo se estreitando, tentando refletir os raios do sol em todas as direções para embaralhar a visão deles.

Mas os atuns tinham vindo de longe, viajando noite e dia sem parar; a fome era grande. Eles mudaram de estratégia e empurraram a bola de sardinhas para a superfície, na direção da parede de céu móvel intransponível.

A sardinha voou nos ares, levada pelo fluxo de suas vizinhas que saltitavam para escapar ao ataque do atum. Em alguns segundos de suspensão naquele ambiente leve e seco, ela viu a imensa confusão, o mar que fervilhava a perder de vista sob os ataques dos atuns, os feixes de sardinhas que crepitavam ao sair voando, e o céu, esse céu vazio e cheio de aves frenéticas. A água era um tumulto de redemoinhos e correntes incompreensíveis: impossível ouvir as outras sardinhas, organizar-se naquela explosão de ofensivas.

Uma andorinha-do-mar mergulhou à sua esquerda, deixando um rastro de bolhas, depois emergiu à superfície com o bico cheio. A sardinha sentiu o choque da pressão da água ao se esquivar da ave. Ela não sabia para onde ir: os ataques vinham do mar e do ar. Um atum saltou para trás e caiu num estrondo cheio de espuma. O que restava do cardume bruscamente se afastou. A sardinha, isolada, não conseguiu alcançar as outras. Um atum a avistou e a perseguiu brevemente antes de dar meia-volta e mergulhar de boca aberta no cardume que sumia ao longe. A sardinha se viu sozinha. Visível e vulnerável, longe da massa protetora de suas semelhantes. Sua única chance era nadar, sempre em frente.

Milhões de escamas arrancadas brilhavam na água azul como flocos de neve. A sardinha fugia, com medo de ser avistada. No espelho prateado de sua pele, a cena do banquete dos atuns desenhava um reflexo cada vez menor. Quantas imagens aquele espelho havia refletido! Cenas em que a sardinha passara despercebida, com cores espelhadas impressas na pele. Nadando com todas as suas forças, ela rememorava os quadros copiados por suas escamas: brincadeiras de golfinhos, cascos de grandes navios, rochas de ilhas distantes, estranhas tartarugas marinhas… segredos que levava na pele. Mas o que aquelas histórias se tornariam? Ela não passava de uma sardinha solitária, extremamente vulnerável, praticamente condenada a se dissolver nos sucos gástricos de algum atum. Uma parte tão ínfima da cadeia alimentar, uma simples dentada para todos os predadores em seu caminho. O que fazer para que os relatos que impregnavam sua pele não se dissolvessem no turbilhão dos ciclos do oceano?

No verão do ano 79, o Vesúvio entrou em erupção, cobriu as cidades romanas de Pompeia e Herculano. Plínio, o Velho, vivia não muito longe dali, aposentado e longe de sua Gália Narbonense. Fascinado pela incomum catástrofe da natureza, quis observá-la de perto e compreendê-la. Dirigiu-se ao lugar de onde os outros fugiam e zarpou com seu barco da baía de Nápoles, com tabuletas para anotar e descrever cada detalhe da erupção vulcânica. As cinzas escureciam o dia, pedras-pomes caíam como granizo; Plínio registrava cada detalhe sem medo. Ao chegar perto do perigo, no entanto, na hora de dar meia-volta, lembrou que um de seus amigos morava na encosta do vulcão, de onde só poderia escapar pelo mar. Sua busca científica se transformou em missão de salvamento, e esta acabou mal. Plínio conseguiu salvar o amigo, mas ignorava o perigo dos gases emitidos pela erupção; não sobreviveu à fumaça tóxica. Mas suas histórias, sim, inclusive a última descrição do vulcão, que podemos ler até hoje; a fumaça tinha a forma, disse ele, de um pinheiro-manso. Todos os relatos que Plínio levou consigo permanecem escritos, registrados e compartilhados nos 37 livros de sua *História natural* e, quase dois milênios depois, ainda podemos ouvi-los. Plínio era um ser humano; seus escritos puderam resistir aos vulcões e ao tempo. Mas e uma sardinha? Que chances teriam as histórias de uma sardinha?

A sardinha nadou e nadou, até perder a noção do tempo. Ela não viu que a água ao seu redor mudava de cor, que suas escamas não refletiam mais o azul do alto-mar, mas o verde das folhagens marinhas e o ocre das rochas. Exausta, ela hesitou. Ondas desconcertantes a empurravam na direção de um novo elemento: a terra. Ela mal percebeu que uma rede verde a tirava para fora da água e que agora nadava num balde de plástico, com desenhos de estrelas-do-mar. Foi então que cruzou com um olhar desconhecido, um olhar de criança. Antes de ir embora, milagrosamente livre, rumo à liberdade e aos perigos do mar, ela decidiu transmitir-lhe algumas de suas histórias e encorajá-lo a segui-la.

* * *

Como a sardinha, chegou minha hora de partir. Ainda me restam muitos horizontes a explorar, peixes a conhecer, mistérios a contemplar e compreender. Muitas espécies a tentar proteger e desafios a aceitar, para encontrar meu lugar no equilíbrio do oceano e da vida. Acima de tudo, muitas coisas a aprender e descobrir nas histórias dos habitantes do mar. Talvez um dia voltemos a nos encontrar. Talvez eu volte a compartilhá-las.

Talvez você também encontre uma sardinha, uma baleia, um copépode do plâncton ou uma gaivota, e seja levado a viagens cheias de histórias. Talvez você as compartilhe comigo.

Até lá, deixemos que essas histórias nos embalem e nos inspirem a inventar e compartilhar outros tipos de histórias. Pois o mundo dos mares é como o das palavras: um espaço de liberdade, que assim deve permanecer. Os que querem refrear as palavras, impor regras à expressão e à fala são como os que querem criar barreiras nos mares. O oceano é de todos e de ninguém. A imaginação também. Portanto, sejamos nós uma baleia solitária que fala sua própria língua, uma das comportadas anchovas de um imenso cardume, um polvo inventivo, uma rêmora colante ou um discreto lavagante, cada um à própria maneira, cantemos livremente nossas histórias.

Espero que esses devaneios aquáticos despertem sonhos, ideias e a vontade de compartilhá-los com os amigos, e quem sabe novos olhares sobre seres aos quais você nunca prestou atenção, e o desejo de ouvi-los, conhecê-los e protegê-los.

Espero que este livro o tenha levado a horizontes desconhecidos e ao mesmo tempo próximos, e que você os guarde de recordação como quem pega uma concha na praia. E espero que você às vezes leve essa concha ao ouvido. Dizem que ouvirá o mar.

Epílogo

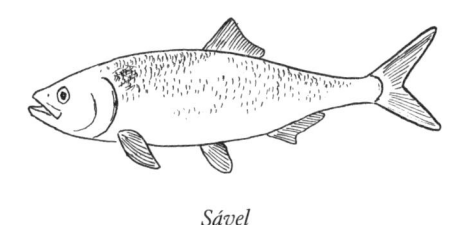

Sável

Como é difícil escrever um livro, principalmente em plena onda de calor! Os dedos martelam o teclado como um piano com surdina. Corrigimos, apagamos, e o computador trava bem no momento da inspiração. Lá fora, músicos tocam trompete. Sempre a mesma melodia, todas as noites, há três semanas. Impossível digitar no mesmo ritmo que eles. O papel é mais leve… mas as rasuras não se apagam. Elas enchem a página, enquanto a caixa de aspirina é esvaziada. A página rasurada assusta menos que a página em branco, mas pouco menos.

As histórias existem para ser vividas, para ser contadas com grandes gestos, amigos, perguntas e olhares de espanto. Elas são difíceis de escrever porque precisam ser fixadas, transformadas num quadro, portanto reduzidas a uma única dimensão, um único ângulo. As histórias do mar são ainda mais selvagens, indomáveis. Deve ser por isso que uma sardinha não escreve um livro.

Perguntei-me muitas vezes o que a sardinha teria dito sobre o que eu escrevia. Temi me afastar do mundo que descrevia ao fixá-lo estando num escritório, numa cidade, atrás de uma tela. De tanto reduzi-lo a caracteres pretos em páginas brancas, temi me desconectar de suas histórias, perder o fio da meada. E esse medo me impedia de escrever. Eu precisava reviver as histórias, escutá-las de novo. Eu precisava que algo me confirmasse que eu não me afastara demais.

Vibração em cima da mesa: notificação no celular. A melhor maneira de perder a concentração, e a inspiração. Com a mente distraída, abri a mensagem. Era uma DM do Instagram. Um amigo me avisava de um acontecimento incomum: sáveis acabavam de ser avistados em Paris.

Para mim, o sável era uma lenda. Na infância, contavam-me que essa sardinha gigante, assim como os salmões, outrora subia todos os rios da França desde o mar, para se reproduzir. As últimas viagens de sáveis rio acima, no Sena, datavam de 1920. Desde então, as barragens e a poluição haviam bloqueado sua migração, e o peixe, acompanhado de mil tradições gastronômicas e populares, desaparecera. Com a gradual melhora da qualidade da água, os sáveis voltavam discretamente; em todo caso, esse era o rumor que corria na internet. Eu não podia perder aquele retorno. O retorno do sável ao Sena de Paris era uma mensagem de esperança para os rios do mundo inteiro. Em algumas décadas de esforços, um dos rios mais poluídos do mundo voltara a ficar limpo e cheio de vida. É preciso lembrar que, em meados do século XX, seu estado era comparável ao do rio Tietê, no Brasil, nos dias de hoje. Precisamos manter viva a esperança. Pois mesmo nas áreas mais sujas do Tietê alguns bagres-africanos muito resistentes conseguem sobreviver. Na direção da nascente do rio, perto de Salesópolis, várias espécies esperam os primeiros sinais da melhora da qualidade da água para recolonizar o ambiente. O retorno do sável a Paris me dava a prova e a esperança de que, em todo o planeta, a natureza selvagem voltará se lhe dermos chance para tanto. Respondi à mensagem. *Amanhã à noite, na beira do rio.*

Naquela noite de início de verão, o Sena refletia o céu através de um fino véu de insetos. As correntes turbilhonavam na superfície como arabescos. Tudo começou de uma só vez. Brilhos prateados correndo entre as águas, grandes rabos em meia-lua batendo na superfície, longos dorsos azulados e saltitantes. Dezenas de sáveis, talvez centenas. Eles nadavam contra a corrente, levados pelo impulso de seu instinto, que lhes ordenava que se reproduzissem rio acima. Aquelas sardinhas imensas vinham do distante oceano Atlântico e agora passavam por Paris. Vinham das profundezas de uma época que nossos antepassados não conheceram. Haviam desaparecido na sombra abissal por cerca de um século, e naquela noite estavam de volta pela primeira vez, como se nada tivesse acontecido. Com toda a fresca exuberância e a pura grandiloquência da natureza, saltavam ruidosamente em pleno Sena.

Depois de algumas trocas de informações com diversas associações, recebi a missão de capturar um sável para retirar-lhe uma escama e, com isso, possibilitar o retraçamento de sua história. Foi o que fiz. Com a grande emoção de ter um peixe desses nas mãos. Observei detidamente sua máscara de ouro e seus reflexos índigo, antes de deixá-lo partir. Suas cores brilhantes haviam refletido tantas paisagens distantes, seu olhar estava impregnado de tantas lembranças do oceano… A sardinha gigante partiu numa enérgica rabanada, sempre em direção à nascente.

No dia seguinte, apaziguado e sereno, voltei ao manuscrito. Nunca pensei que uma sardinha um dia me visitasse, vinda de tão longe, e que entrasse cidade adentro, até minha casa, para me contar suas histórias ao pé do ouvido.

capa
Mateus Valadares
ilustrações
Bill François
tratamento de imagens
Carlos Mesquita
preparação
Cacilda Guerra
revisão
Karina Okamoto
Tomoe Moroizumi

Dados Internacionais de Catalogação na Publicação (CIP)

François, Bill
Eloquência da sardinha : Histórias incríveis do mundo submarino / Bill François ; tradução Julia da Rosa Simões. — 1. ed. — São Paulo : Todavia, 2021.

Título original: Éloquence de la sardine : Incroyables histoires du monde sous-marin
ISBN 978-65-5692-189-1

1. Literatura francesa. 2. Ensaio. I. Simões, Julia da Rosa. II. Título.

CDD 844

Índice para catálogo sistemático:
1. Literatura francesa : Ensaio 844

Bruna Heller — Bibliotecária — CRB 10/2348

todavia
Rua Luís Anhaia, 44
05433.020 São Paulo SP
T. 55 11. 3094 0500
www.todavialivros.com.br

fonte
Register*
papel
Munken print cream
$80\,g/m^2$
impressão
Geográfica

FSC
www.fsc.org
MISTO
Papel produzido
a partir de
fontes responsáveis
FSC® C019498